职业教育物联网应用技术专业（智能家居方向）系列教材

智能家居系统开发

主　编　赵　骞　张永波
参　编　林凡东　姜　凯　赵　冶　梁传圣
　　　　陈　艳　冯阳明　李来存　马遇伯

机械工业出版社

本书采用“任务驱动”的方法，结合中等职业技术学校学生的特点，引入大量实例，使学生在完成任务的过程中掌握基本的编程方法。同时，借助上海企想信息技术有限公司推出的“智能家居操作台”将设计效果进行实时展示，使学生对智能家居系统的认识更加直观。本书主要介绍在Linux系统中利用Qt Creator工具进行嵌入式智能家居系统的开发，主要内容包括设计智能家居软件系统的界面、实现智能家居软件系统的基本功能和实现智能家居软件系统的高级功能3部分内容。

本书可作为各类职业学校物联网应用技术专业及相关专业的教材，也可作为智能家居爱好者的自学参考用书。

本书配有电子课件和源代码，教师可登录机械工业出版社教育服务网（www. cmpedu. com）注册后免费下载，或联系编辑（010-88379194）索取。

图书在版编目（CIP）数据

智能家居系统开发/赵骞，张永波主编. —北京：机械工业出版社，2017.6（2024.1重印）

职业教育物联网应用技术专业（智能家居方向）系列教材

ISBN 978-7-111-56811-7

Ⅰ. ①智… Ⅱ. ①赵… ②张… Ⅲ. ①住宅—智能化建筑—自动化系统—职业教育—教材 Ⅳ. ①TU241.01

中国版本图书馆CIP数据核字（2017）第103911号

机械工业出版社（北京市百万庄大街22号 邮政编码100037）

策划编辑：梁 伟　　责任编辑：李绍坤 陈瑞文

责任校对：马立婷　　封面设计：鞠 杨

责任印制：刘 媛

涿州市般润文化传播有限公司印刷

2024年1月第1版第6次印刷

184mm×260mm · 13印张 · 315千字

标准书号：ISBN 978-7-111-56811-7

定价：34.80元

电话服务	网络服务
客服电话：010-88361066	机 工 官 网：www.cmpbook.com
010-88379833	机 工 官 博：weibo.com/cmp1952
010-68326294	金 书 网：www.golden-book.com
封底无防伪标均为盗版	机工教育服务网：www.cmpedu.com

前言 PREFACE

智能家居作为物联网技术的一个重要分支，使用计算机技术、网络布线技术、网络通信技术等把家庭中各设备（如环境监测、照明、安防系统、家电）连接起来，进行统一的管理和控制。智能家居技术的出现使人们的生活变得更加便捷，同时还能提高家庭生活的安全性。

近年来，我国政府在政策上不断加大对智能家居相关企业的扶持和引导；另外，伴随世界各地对节能环保的重视，我国对与环保相结合的产业予以了政策上的支持。对于建筑行业而言，提出了绿色建筑、节能减排的目标。这对于智能家居市场起到了很好的推动作用，预示着智能家居行业在我国具有相当大的发展潜力。相应地，人才市场对智能家居技术的软、硬件开发人员的需求量也将越来越大。

本书是中等职业技术学校物联网应用技术专业建设成果之一。依据项目流程，首先通过项目1设计智能家居软件系统的界面，进行系统软件界面的设计，使学生掌握在Linux操作系统中利用Qt Creator工具进行Qt GUI项目的创建、常用控件的使用、信号和槽机制的学习的方法。其次，通过项目2实现智能家居软件系统的基本功能，完成设备基本功能（如环境检测数据）的获取，LED灯、蜂鸣器、窗帘等电器的控制，联动模式和自定义模式功能的实现，同时使学生掌握Qt程序设计的基本语法。最后，通过项目3实现智能家居软件系统的高级功能，完成如窗口切换、用户管理、时钟显示等功能，并进行6410网关的嵌入式移植。通过完成这些任务，学生可进一步掌握Qt中的语法和常用系统类的用法。

本书教学建议如下：

序　号	项目名称	理论学时	实训学时	总学时
1	设计智能家居软件系统的界面	10	20	30
2	实现智能家居软件系统的基本功能	7	28	35
3	实现智能家居软件系统的高级功能	9	27	36
合　计		26	75	101

本书由淄博信息工程学校的赵骞和张永波任主编，参加编写的还有莒县职业技术教育中心的林凡东、淄博信息工程学校的姜凯、莒县职业中等专业学校的赵冶和梁传圣以及上海企想信息技术有限公司的陈艳、冯阳明、李来存和马遇伯。

本书由日照市农业学校牵头组织编写，上海企想信息技术有限公司提供技术支持，在此一并表示感谢。

由于编者水平有限，书中疏漏之处在所难免，恳请广大读者批评指正。

编　者

目录 CONTENTS

目录 CONTENTS

项目 1 PROJECT 1

设计智能家居软件系统的界面

项目概述

本项目主要利用Qt Creator工具完成对智能家居系统图形化界面的设计。对于软件开发而言，图形化界面的制作是程序设计的前提，也是影响软件质量的重要因素。本项目利用Linux平台作为系统开发环境，通过实例演示，完成对Qt GUI（Graphical User Interface，图形用户界面）项目的创建、常用控件的使用、信号和槽机制的学习。

项目目标

1）掌握使用Qt创建Qt GUI项目的方法。

2）掌握Qt图形化界面中常用控件的属性和样式的设置方法。

3）掌握利用Qt的信号和槽机制实现智能家居设备状态的切换。

任务1　创建第一个Qt图形化项目

任务描述

如图1-1所示，创建一个Qt图形化窗口项目，在窗口中显示“Hello World”。

图1-1　运行效果

知识准备

Qt是由奇趣科技开发的一款C++图形用户界面应用程序框架。由于其具有很好的跨平台性，因此被广泛应用于嵌入式系统开发中。本书使用的Qt版本为4.8.1。

单击Qt Creator图标，便可运行该软件，弹出欢迎界面，如图1-2所示。

图1-2　Qt Creator欢迎界面

在欢迎界面中，除了菜单栏外，在最左侧有一列按钮，该栏按钮的功能简介如下。

（欢迎）：用户可以快速打开最近使用过的项目，为用户提供了方便。同时自带一些实例模板，如记事本和音乐播放器等。

（编辑）：单击此按钮可进行代码头文件和源文件的编辑。

（设计）：单击此按钮可进行图形化界面的设计，包括控件的创建、属性的设置、信号和槽的设置等。

（调试）：单击此按钮可以对项目进行调试，跟踪程序的运行情况。

（项目）：单击此按钮可对项目的开发环境和调试目录等进行相关配置。

（运行）：编译并运行项目，快捷键为<Ctrl+R>。

任务实施

1. 项目的创建

1）运行Qt Creator，执行“文件”→“新建文件或项目”命令，打开项目创建导航对话框。在“项目”列表框中选择“Qt控件项目”，右侧对应选择“Qt Gui应用”，如图1-3所示。单击“选择”按钮，进入下一步骤。

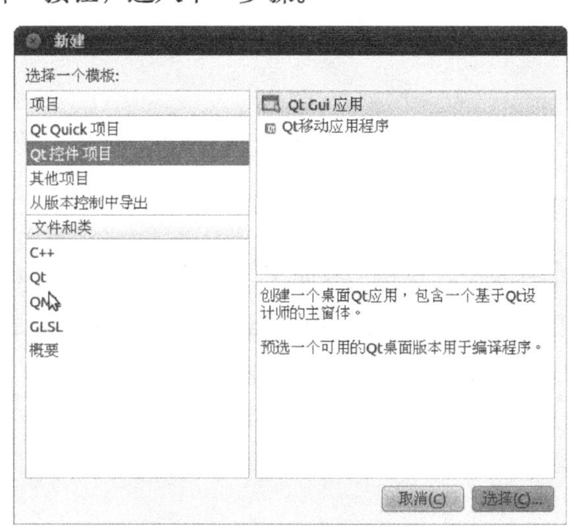

图1-3　创建一个Qt Gui应用

2）定义项目名称并选择保存路径（项目名称不建议使用中文）。这里将项目名命名为“Test”并保存在桌面上，如图1-4所示。单击“下一步”按钮进入下一步骤。

3）在“目标”向导中保持系统默认设置即可，单击“下一步”按钮进入下一步骤。

4）根据需要，选择一个“基类”。这里选择“QDialog”（对话框）类作为基类，定义类名，建议首字母大写。修改类名后，头文件名、源文件名和界面文件名都会自动更新，如图1-5所示。单击“下一步”按钮进入下一步骤。

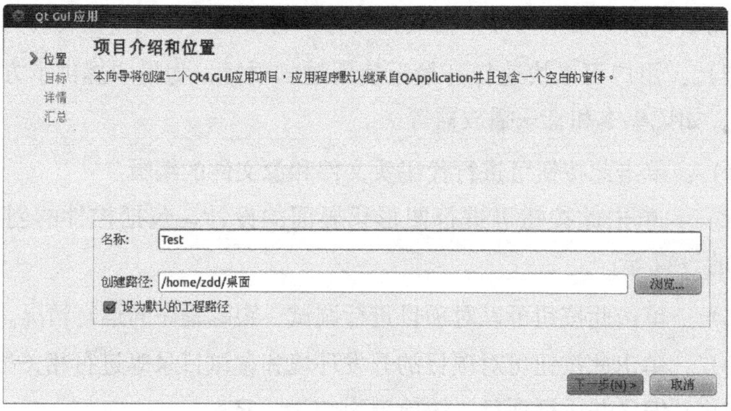

图1-4　项目介绍和位置的设置

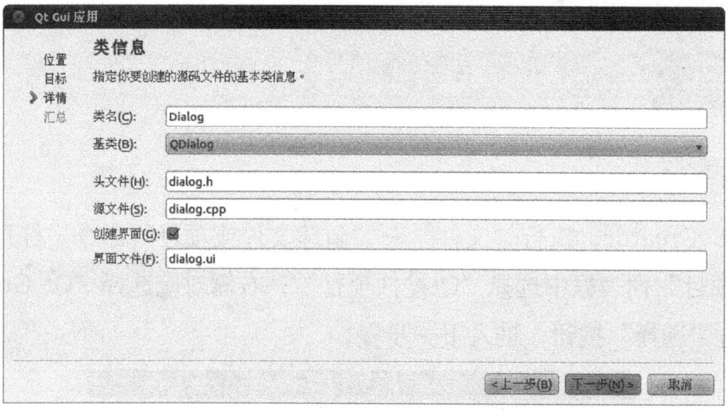

图1-5　类信息的设置

5）在“汇总”向导中保持系统默认设置即可，单击“完成”按钮完成项目的创建。

2．显示“Hello World”

1）在“项目”树形列表中，找到“界面文件”中的“dialog.ui”文件，双击打开。

2）在左侧组件箱中找到Label控件并将其拖入编辑区。双击该控件，将其变为可编辑状态，输入要显示的文字“Hello World”，如图1-6所示。

图1-6　Label控件的设置

3）右键单击Label标签，在弹出的快捷菜单中选择“改变样式表”命令，在编辑样式表中单击“添加字体”按钮，在“设置字体”对话框中设置字体为“文泉驿微米黑”，大小为“24”。

4）单击左侧的运行按钮，完成对该项目的编译和运行。

注意：项目构建目录的设置 

在使用Qt Creator编译工程时，默认会生成一个与工程目录同级的构建目录，用于存放缓存文件。构建目录名很长，从而使得目录结构显得有些凌乱，如图1-7所示。

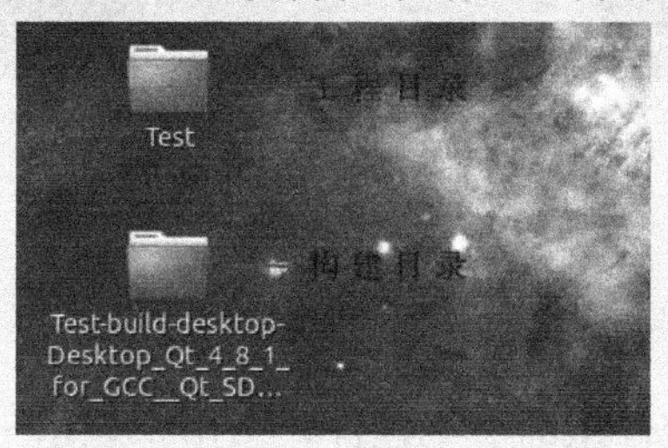

图1-7　工程目录和构建目录

在项目构造前可以先对构建目录进行设置。如图1-8所示，在“项目”选项卡中，对构建目录进行设置。一般会将构建目录路径指向项目文件夹中。

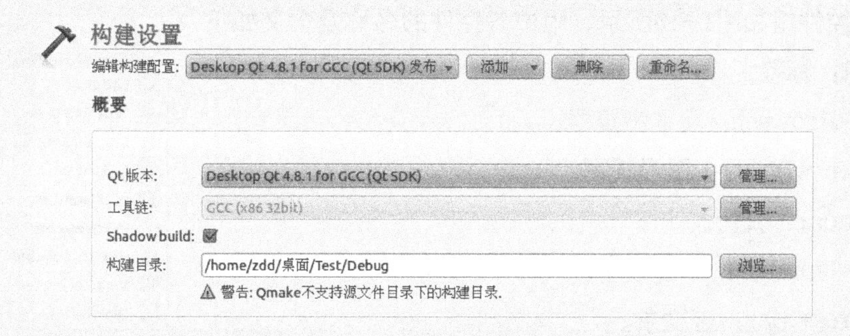

图1-8　构建目录的设置

构建目录设置完成后，编译的缓存文件会自动添加至该目录中。其中，与项目名同名的文件为可执行文件（如本项目中的Test文件），双击该文件便可直接运行此项目。

任务2　设计智能家居系统软件背景界面

任务描述

在智能家居系统软件中，为了使界面变得更加美观，可以设计一个带图片背景的Label，如图1-9所示。

图1-9 智能家居系统软件背景界面的设计

知识准备

Label标签控件是显示控件组的一个控件，常用来显示一行文本信息，但文本信息不能编辑，也可以用于显示图像作为界面背景。

小知识：显示控件组（Display Widgets）

显示控件组如图1-10所示，组中各控件的名称及含义如下。

Label：标签。

Text Browser：文本浏览器。

Graphics View：图形视图。

Calendar：日历。

LCD Number：LCD数字。

Progress Bar：进度条。

Horizontal Line：水平线。

Vertical Line：垂直线。

QWebView：Web视图

Display Widgets
Label
Text Browser
Graphics View
Calendar
LCD Number
Progress Bar
Horizontal Line
Vertical Line
QWebView

图1-10 显示控件组

1. Label控件的常用属性

1）objectName：Label控件的控件名。

2）text：Label控件的显示文本。

3）X：Label控件顶点的X坐标。

4）Y：Label控件顶点的Y坐标。

5）宽度（Width）：Label控件的宽度。

6）高度（Height）：Label控件的高度。

2. Label控件的常用方法

1）void setText(const QString &)：设置Label的显示文字。例如，在任务1中的dialog.cpp中加入图1-11所示的代码，表示在Label中显示“Hello World”文本。

```
Dialog::Dialog(QWidget *parent) :
    QDialog(parent),
    ui(new Ui::Dialog)
{
    ui->setupUi(this);
    ui->label->setText("Hello World");

}
```

图1-11　Text方法的使用示例

小知识：界面显示乱码的问题

在项目的设计过程中，有时需要利用setText(QString)来设置Label控件显示中文文本，如“ui->label->setText("你好");”，但在项目运行时，中文部分则会显示为乱码。此时应该对Qt的编码格式进行设置，步骤如下：

① 双击打开源文件中的main.cpp。

② 在文件头部引入库文件#include “QTextCodec”。

③ 在main方法中设置项目的编码格式为UTF-8，如图1-12所示。UTF-8又称为“万国码”，支持包括中文在内的多种文字的编码方式。

```
#include <QtGui/QApplication>
#include "dialog.h"
#include "QTextCodec"
int main(int argc, char *argv[])
{
    QApplication a(argc, argv);
    QTextCodec::setCodecForCStrings(QTextCodec::codecForName("UTF-8"));
    Dialog w;
    w.show();
    return a.exec();
}
```

图1-12　设置编码格式

④ 运行项目，该Label控件就能正常显示中文了。

2）void setVisible(bool visible)：设置Label是否为可见，代码如图1-13所示，多数控件都有此方法。系统默认值为true（即可见），若参数为false，则表示该Label在界面中不可见。

```
Dialog::Dialog(QWidget *parent) :
    QDialog(parent),
    ui(new Ui::Dialog)
{
    ui->setupUi(this);
    ui->label->setText("Hello World");
    ui->label->setVisible(false);
}
```

图1-13　setVisible()方法的使用

3．设置Label控件样式

（1）设置方法

方法1：右键单击Label控件，在弹出的快捷菜单中选择“改变样式表”命令进行编辑，如图1–14所示。

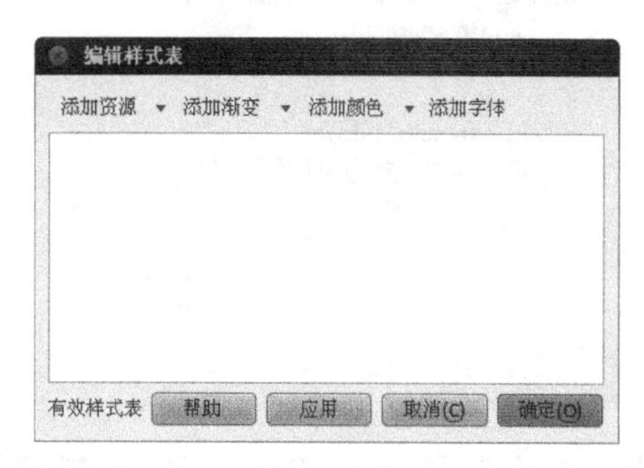

图1–14 “编辑样式表”对话框

利用“编辑样式表”对话框，可对控件进行字体和背景等效果的设置。设置方式及效果如图1–15和图1–16所示。

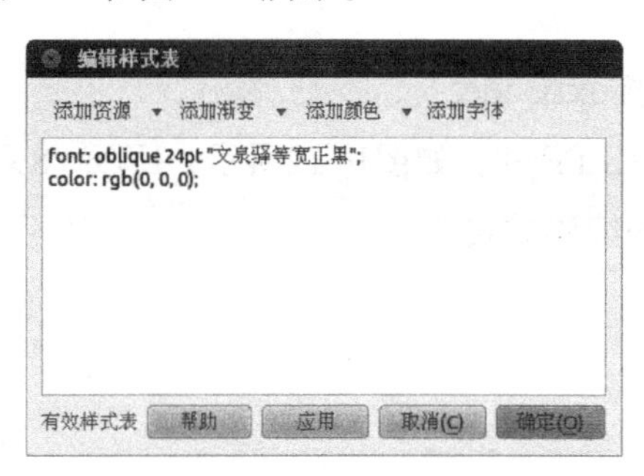

图1–15 设置Label控件样式1

图1–16 运行效果1

方法2：利用控件的setStyleSheet(QString)方法，也可对控件样式进行设置。设置方法及效果如图1–17和图1–18所示。

```
Dialog::Dialog(QWidget *parent) :
    QDialog(parent),
    ui(new Ui::Dialog)
{
    ui->setupUi(this);
    ui->label->setText("Hello World");
    ui->label->setStyleSheet("color: rgb(255, 0, 0);");
}
```

图1–17 设置Label控件样式2

图1–18 运行效果2

（2）常用设置—

在“添加颜色”下拉列表中选择“color”选项，若要设置背景颜色，则选择“background–color”选项。

任务实施

1）在桌面创建一个Qt GUI项目“SmartHome”，并将构建目录指向该项目中的Debug文件夹。

2）导入图片文件，步骤如下：

① 将需要的素材图片文件夹“images”复制到项目文件夹。注意，文件夹和图片的文件名都不能出现中文，否则会在项目编译时出错。

② 右键单击项目名称，在弹出的快捷菜单中选择“添加新文件”命令，如图1−19所示。

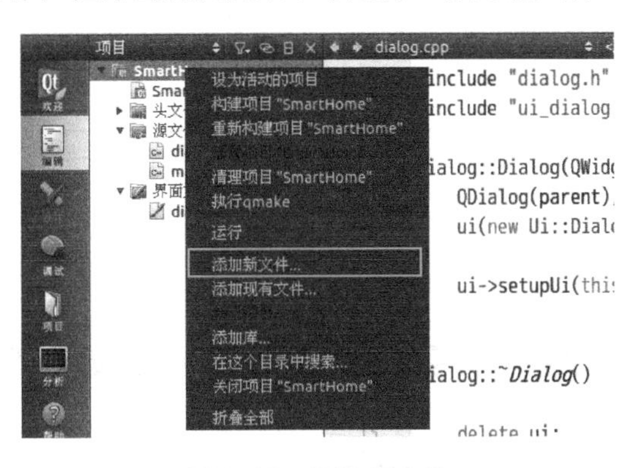

图1−19　添加新文件

③ 在“新建文件”对话框中选择“Qt”→“Qt资源文件”，单击“选择”按钮，进入下一步骤，如图1−20所示。

④ 在“新建Qt资源文件”对话框的“位置”向导中输入名称“images”，路径保持默认设置即可。单击“下一步”按钮，进入下一步骤，如图1−21所示。

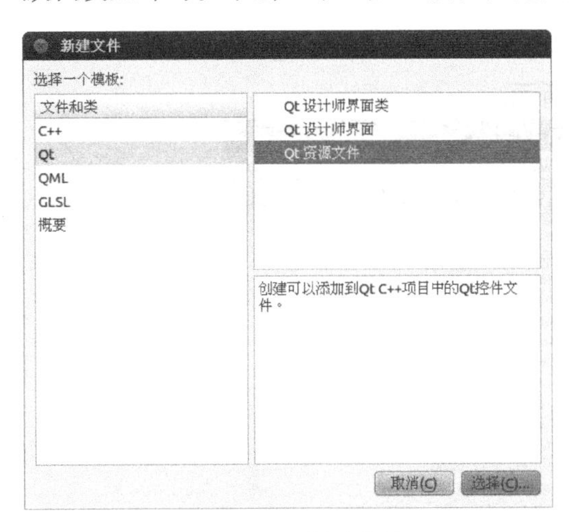

图1−20　新建文件

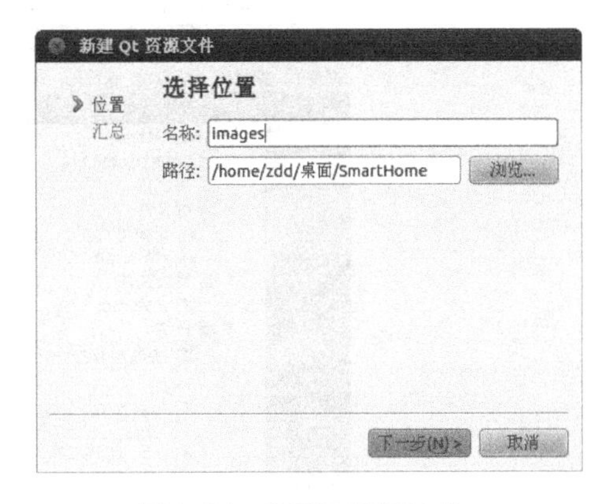

图1−21　新建Qt资源文件

⑤ 在“汇总”向导中单击“完成”按钮，完成资源文件的创建。此时，会在项目目录下新建一个名为“images.qrc”的资源文件。双击打开该文件，如图1−22所示。

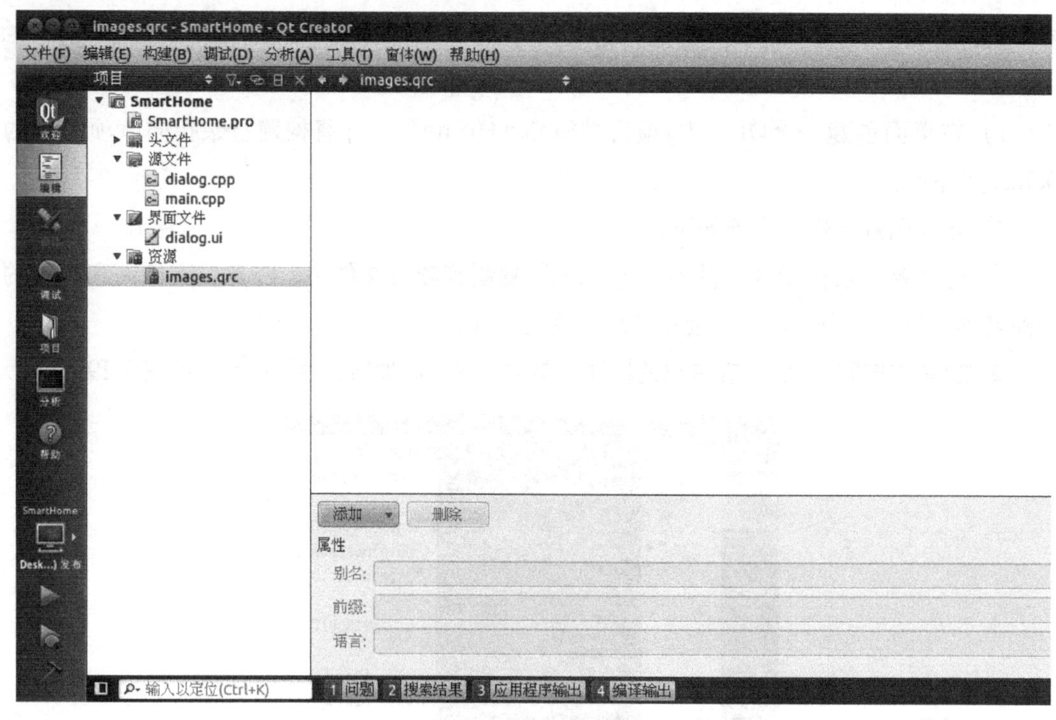

图1-22 打开资源文件

⑥ 在“添加”下拉框中选择“添加前缀”选项，输入前缀名为“/”，如图1-23所示。

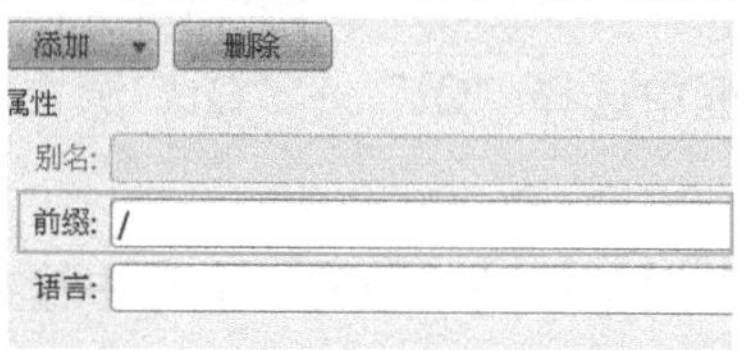

图1-23 设置文件前缀

⑦ 在“添加”下拉框中选择“添加文件”选项，弹出“打开文件”对话框。将步骤①复制的所有图片文件选中并导入，如图1-24所示。

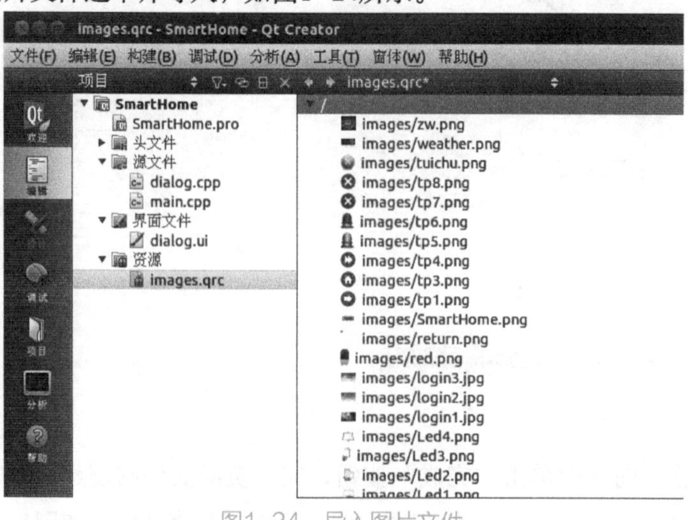

图1-24 导入图片文件

⑧ 重启该项目，图片文件便可使用。

3）双击打开界面文件“dialog.ui”，设置Dialog对象的属性，宽度为800，高度为480（6410网关默认分辨率为800px×480px），如图1-25所示。

4）在界面中拖入一个Label控件，设置其控件名为“lblBg”。设置其属性X为0，Y为0，宽度为800，高度为480，text为空，如图1-26所示。

图1-25　设置dialog对象属性

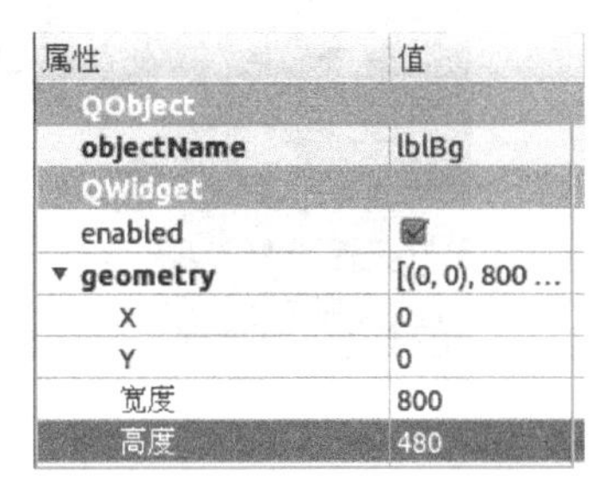

图1-26 Label控件属性设置

小知识：控件的命名规则（驼峰命名法）

在一个项目中，会用到多个控件。程序员为了很好地区分不同的控件，一般会给这些控件定义具有实际意义的名字。对于控件的命名，目前较通用的方法是驼峰命名法，即首字母以小写开头，每个单词首字母大写（第一个单词除外）。例如，本项目中的lblBg，lbl为Label的简写，表示为Label控件，Bg为background的简写，表示背景。标准规范地命名控件，可以提升代码的可读性，有利于后期对项目的维护。养成规范命名控件的习惯，是成为一名优秀程序员的前提。

5）右键单击界面中的Label控件，在弹出的快捷菜单中选择“改变样式表”命令，在“添加资源”下拉列表中选择“background-image”选项，弹出“选择资源”对话框，选择图片背景后单击“确定”按钮，如图1-27所示。

6）设置完成，运行效果如图1-9所示。

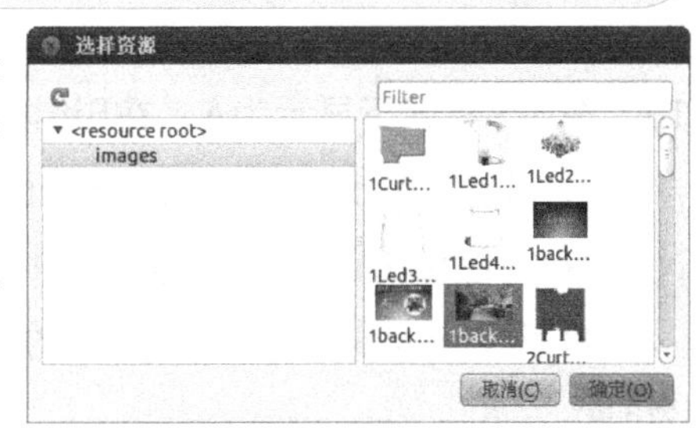

图1-27　设置背景图片

任务3　设计环境数据检测界面

任务描述

使用Label和LCD Number控件进行环境数据检测部分界面的设计，如图1-28所示。其中，温度值和湿度值为十进制显示，保留两位小数。光照值和烟雾值为十六进制显示。

图1-28　环境数据检测界面的设计

知识准备

LCD Number控件是显示控件组的另一个常用控件，用于显示一个和LCD一样的数字。它可以显示几乎任意大小的数字，可以显示十进制、十六进制、八进制或二进制数。

1. LCD Number控件的常用属性

1）value：LCD Number控件显示的值。

2）mode：LCD Number控件的显示模式。其中，Dec为十进制，Hex为十六进制，Bin为二进制，Oct为八进制。例如，将LCD Number的值设为10，在Dec模式下显示为10，在Hex模式下显示为A，在Bin模式下显示为1010，在Oct模式下显示为12。

3）digitCount：LCD Number控件显示的数据位数（包括小数点）。例如，将LCD Number的值设为10.1，则应将digitCount的值设置为4。

4）SegmentStyle：显示数字的外观。如果需要改变显示数字的颜色，则需将此项改为Flat。

2. LCD Number控件的常用方法

1）void display(int num/double num/const QString &str)：设置LCD Number控件显示的值。该方法中的参数可以为整数、浮点数或字符串。例如，“ui->lcdNumber->display(10);”“ui->lcdNumber->display(10.1);”和“ui->lcdNumber->display("10");”。

2）void setDecMode()/setHexMode()/setBinMode()/setOctMode()：将LCD Number控件设置为对应的显示模式。例如，“ui->lcdNumber->setHexMode()”表示设置该LCD Number控件的显示模式为十六进制。

3）void setNumDigits(int nDigits)：设置LCD Number控件显示的数据位数。例如，“ui->lcdNumber->setDigitCount(5)”表示设置该LCD Number控件的显示位数为5位。

注意：

如果为LCD Number控件设置的值超出了显示的数据位数，则控件只显示该值的整数部分。例如，将LCD Number的digitCount属性设置为3，若设置值为10.1，则在界面中只显示10。若设置LCD Number控件的设置模式为非十进制，则显示时只显示该值的整数部分。

3. 设置LCD Number控件样式

（1）文本和背景颜色的修改

与Label控件一样，使用样式表中的“color”修改文本颜色，使用“background-color”修改背景颜色。在修改前需将LCD Number控件的“SegmentStyle”属性设置为“Flat”，否则文本颜色不能修改。

（2）边框的设置

使用样式表中的“border”对LCD Number的边框进行设置，设置方法和运行效果如图1-29和图1-30所示。其中，1px表示边框的宽度为1像素，solid表示为实线显示。

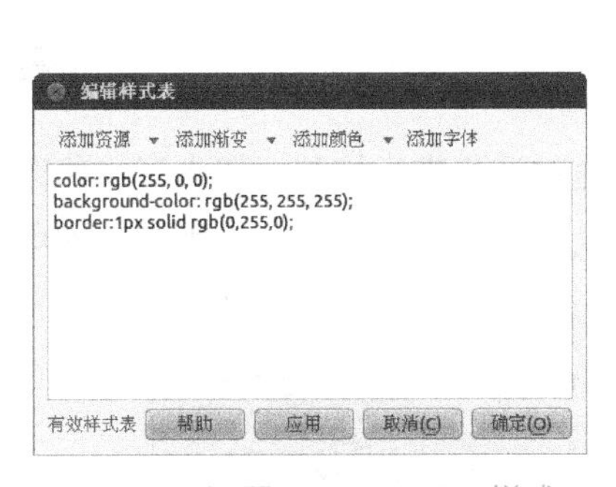

图1-29　设置LCD Number样式

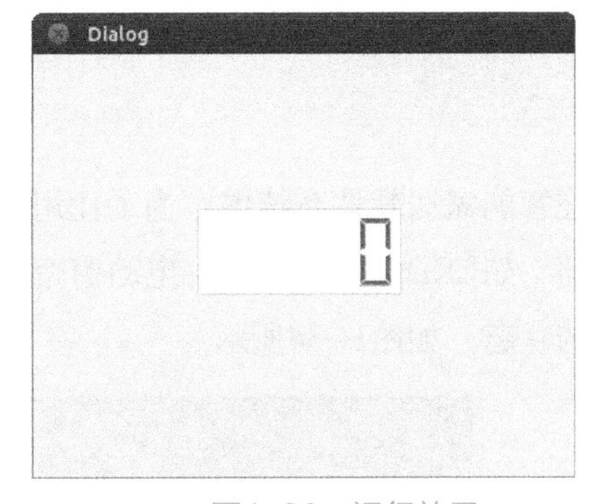

图1-30　运行效果

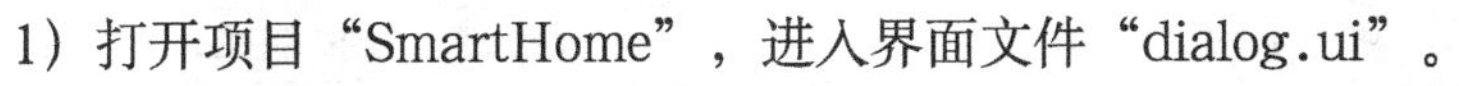

任务实施

1）打开项目“SmartHome”，进入界面文件“dialog.ui”。

2）按照图1-28所示的布局，将Label控件和LCD Number控件拖入界面中。

3）编辑Label的文字和颜色，效果如图1-31所示。注意，为了代码编写方便，“求助按钮”“有人求

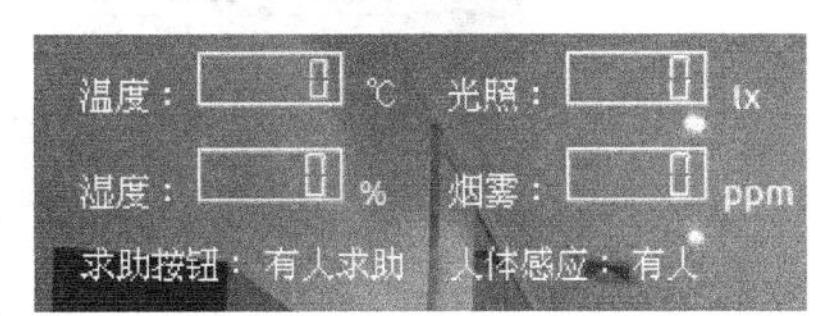

图1-31　Label控件的设置

助”“人体感应”和“有人”是由不同的Label控件控制的。设置“有人求助”控件名为“lblHB”，“有人”控件名为“lblHI”。

4）设置4个LCD的控件名分别为“lcdTemp”（温度）、“lcdHumidity”（湿度）、“lcdIllumination”（光照）和“lcdSmoke”（烟雾）。

5）设置LCD Number控件的属性。温度和湿度均为十进制显示，保留两位小数，如图1–32所示。光照和烟雾为十六进制显示，如图1–33所示。

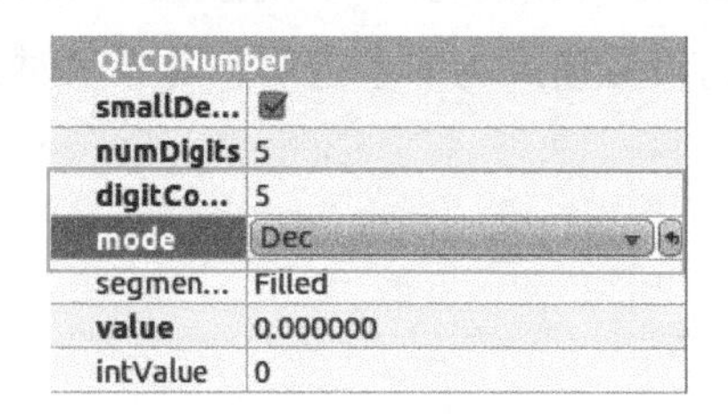

图1–32　温度和湿度控件的设置

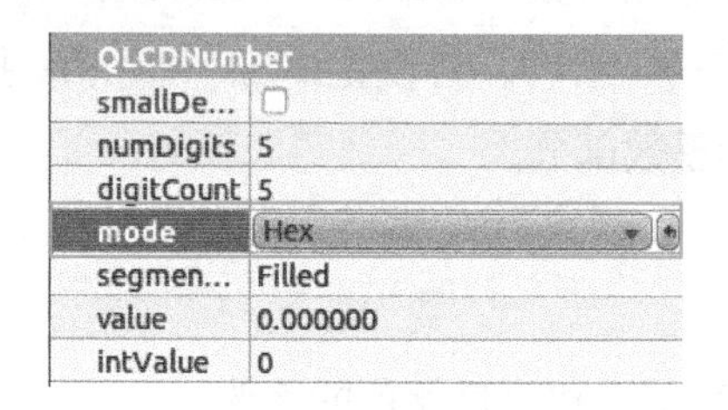

图1–33　光照和烟雾控件的设置

6）设置完成，运行效果如图1–28所示。

任务4　设计图片按钮控制界面

任务描述

在智能家居软件系统中，为了让用户更加直观地对设备进行控制，加入了一些图片控制按钮，如LED灯、报警灯、电动窗帘等。用户可以通过单击这些图片来更新界面中对应设备的状态，如图1–34所示。

图1–34　图片按钮控制界面的设计

知识准备

Push Button控件是按钮控件组的一个常用控件。利用该控件单击事件进行动作响应，从而实现与用户的互动效果。

小知识：按钮控件组（Buttons）

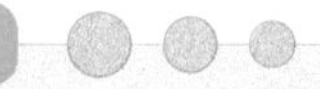

如图1-35所示，控件组中各控件的名称及含义如下。

Push Button：按钮。

Tool Button：工具按钮。

Radio Button：单选按钮。

Check Box：复选框。

Command Link Button：命令链接按钮。

Button Box：按钮盒子。

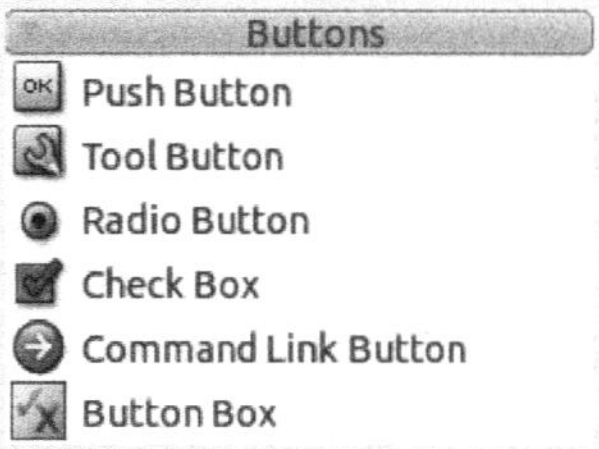

图1-35　按钮控件组

1. Push Button控件的常用属性

1）text：Push Button控件的显示文本。

2）enable：按钮是否可用，默认为勾选状态。若取消勾选，则此按钮不可用。

3）cursor：鼠标指针经过时指针图标的样式，默认为箭头样式。

4）flat：设置背景是否透明，默认为未勾选。若勾选此项，则此按钮设置为背景透明。当Push Button控件作为图片按钮时，此项为必选项。

2. Push Button控件的常用方法

1）QString text()：返回Push Button控件的显示文本。

2）void setText(const QString &text)：设置Push Button控件的显示文本。例如，“ui->pushButton->setText(“打开”);”表示设置该按钮的文本为“打开”。

3）void setEnabled(bool);：设置Push Button控件是否可用。例如，“ui->pushButton->setEnabled(“false”);”表示设置该按钮为不可用。

3. 设置Push Button控件样式

与LCD Number控件一样，使用样式表中的“color”修改文本颜色，使用“background-color”修改背景颜色，使用“border”修改边框颜色。设置方法如图1-36所示，效果如图1-37所示。

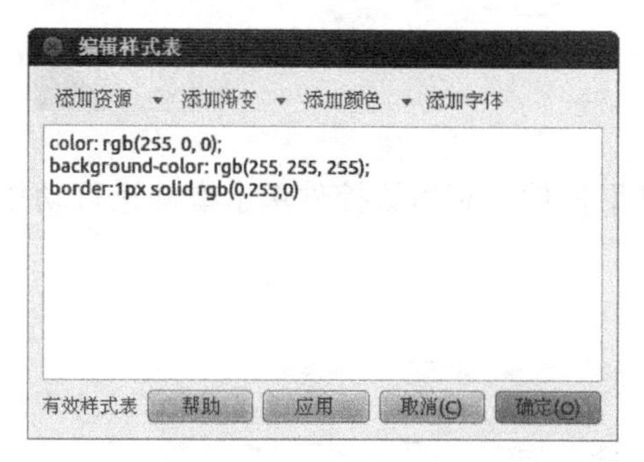

图1-36　设置Push Button样式

图1-37　运行效果

注意：

在项目运行时，会默认某个按钮为选中（焦点）状态，被选中的按钮显示为红色，如图1-37所示。为了不影响显示效果，可以设置按钮为非焦点状态，方法为选中按钮控件，设置其focusPolicy属性为Nofocus。

任务实施

1）打开项目“SmartHome”，进入界面文件“dialog.ui”。

2）拖入一个Push Button控件至界面中，放至LED灯的位置，如图1-38所示。

图1-38　将控件拖入界面

3）修改其控件名为“btnLED1”，将其text属性设置为空。

4）右键单击“btnLED1”，在弹出的快捷菜单中选择“改变样式表”命令。在“添加资源”下拉列表中选择“border-image”选项，弹出“选择资源”对话框，选择图片后单击“确定”按钮，如图1-39所示。

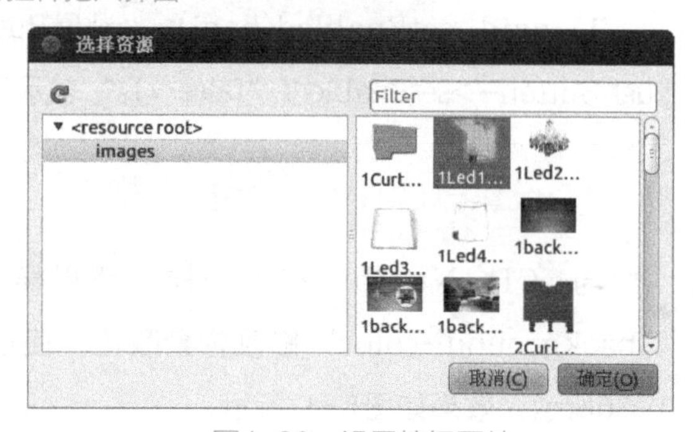

图1-39　设置按钮图片

5）用鼠标将“btnLED1”调整至合适尺寸，如图1-40所示。

图1-40　调整按钮大小

6）使用相同的方法，完成“btnLED2”“btnLED3”“btnLED4”“btnStepMotor”和“btnBuzz”控件的设置。

7）将所有按钮的focusPolicy属性设置为Nofocus、flat属性设置为true。

8）设置完成，运行效果如图1-41所示。

图1-41　运行效果

注意：

在制作图片按钮时，使用Push Button控件的“高度”和“宽度”属性，可以更加精确地调整按钮尺寸。以制作btnLED1按钮为例，步骤如下：

1）获取原图片的大小，右键单击图片，在弹出的快捷菜单中选择“属性”命令，如图1-42所示。在“图像”选项卡中看到该图片的宽度为“70像素”，高度为“53像素”。

2）设置btnLED1按钮的高度为53，宽度为70，如图1-43所示。

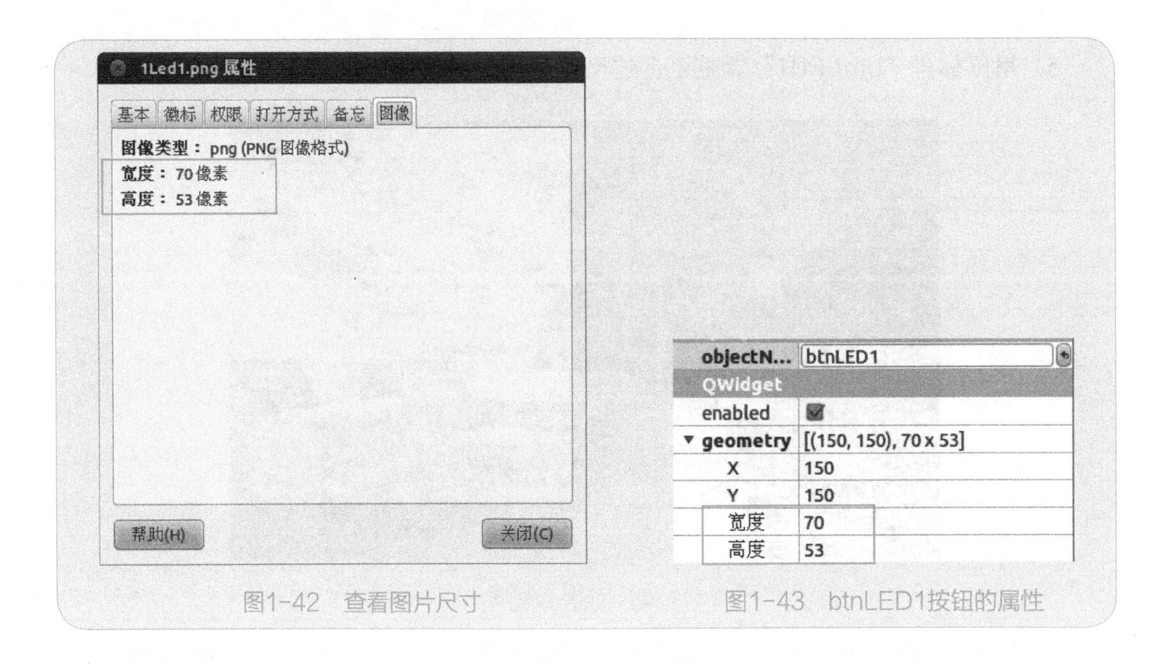

图1-42 查看图片尺寸

图1-43 btnLED1按钮的属性

任务5 设计空调控制界面

任务描述

使用Push Button控件和Spin Box控件对空调控制界面进行设计，如图1-44所示，利用Spin Box控件调节空调温度，范围为16～32℃。

图1-44 空调控制界面的设计

知识准备

Spin Box控件是输入控件组中的一个常用控件，用于进行整数数据的输入。与其功能相近的还有Double Spin Box控件，用于带有小数数据的输入。

小知识：输入控件组（Input Widgets）

输入控件组如图1-45所示，控件组中各控件的名称及含义如下。

Combo Box：组合框。

Font Combo Box：字体组合框。

Line Edit：行文本编辑器。

Text Edit：文本编辑器。

Plain Text Edit：纯文本编辑器。

Spin Box：整数数字盒子。

Double Spin Box：浮点数数字盒子。

Time Edit：时间编辑器。

Date Edit：日期编辑器。

Date/Time Edit：日期/时间编辑器。

Dial：拨号器。

Horizontal Scroll Bar：横向滚动条。

Vertical Scroll Bar：垂直滚动条。

Horizontal Slider：横向滑块。

Vertical Slider：垂直滑块。

Input Widgets
Combo Box
Font Combo Box
Line Edit
Text Edit
Plain Text Edit
Spin Box
Double Spin Box
Time Edit
Date Edit
Date/Time Edit
Dial
Horizontal Scroll Bar
Vertical Scroll Bar
Horizontal Slider

图1-45　输入控件组

1. Spin Box控件的常用属性

1）minimum：设置Spin Box控件的最小值。

2）maximum：设置Spin Box控件的最大值。

3）value：设置Spin Box控件的当前值。注意，该值必须在最小值和最大值之间。

4）singleStep：设置单次步进值，默认值为1。

5）buttonSymbols：设置SpinBox控件右侧按钮的样式。

实例：设置Spin Box控件范围在1～99之间，单次步进值为1，设置方法如图1-46所示。

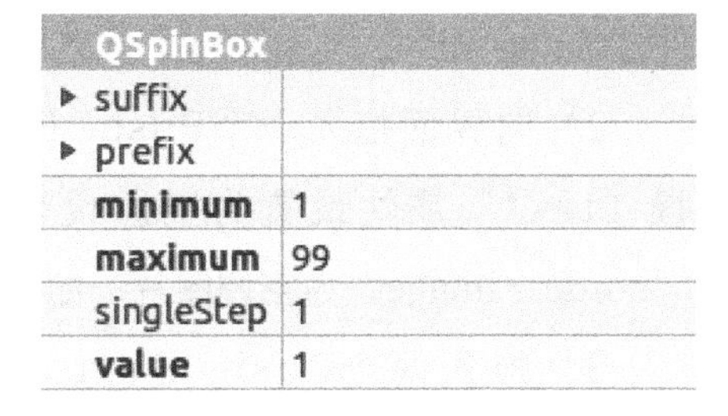

图1-46　Spin Box的属性设置

2. Spin Box控件的常用方法

1）int value()：返回Spin Box的当前值。

2）void setValue(int val)：设置Spin Box的当前值，该值必须在Spin Box控件的范围内，如“ui->spinBox->setValue(10);”。

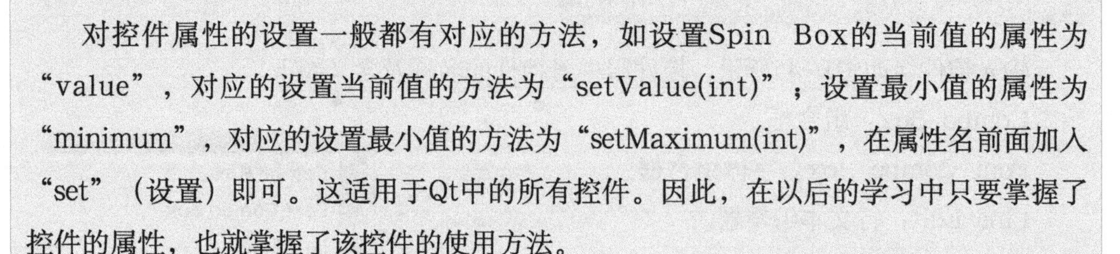

小知识：控件属性的设置技巧

对控件属性的设置一般都有对应的方法，如设置Spin Box的当前值的属性为“value”，对应的设置当前值的方法为“setValue(int)”；设置最小值的属性为“minimum”，对应的设置最小值的方法为“setMaximum(int)”，在属性名前面加入“set”（设置）即可。这适用于Qt中的所有控件。因此，在以后的学习中只要掌握了控件的属性，也就掌握了该控件的使用方法。

3．Spin Box设置控件样式

实例：设置Spin Box控件数字颜色（color）为红色，背景颜色（backgroud-color）为白色，边框颜色（border）为绿色。设置方法和运行效果如图1-47和图1-48所示。

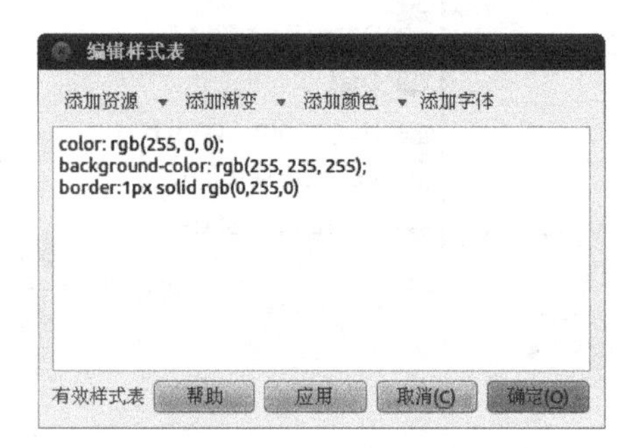

图1-47　设置控件样式

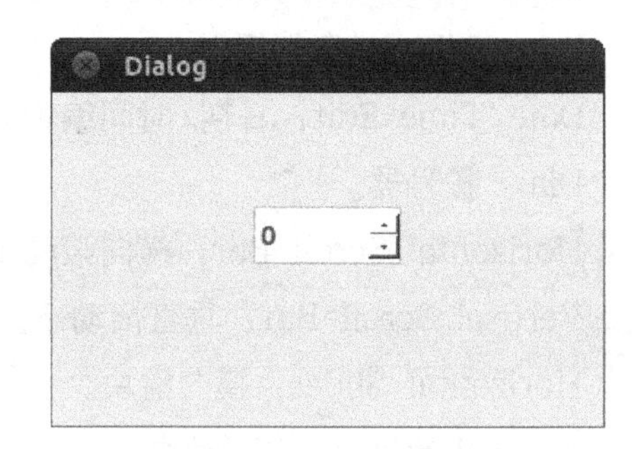

图1-48　运行效果

任务实施

1）打开项目“SmartHome”，进入界面文件“dialog.ui”。

2）向界面拖入一个Push Button控件，将“text”属性设置为空。设置控件样式的“border-image”为空调图片，如图1-49所示。

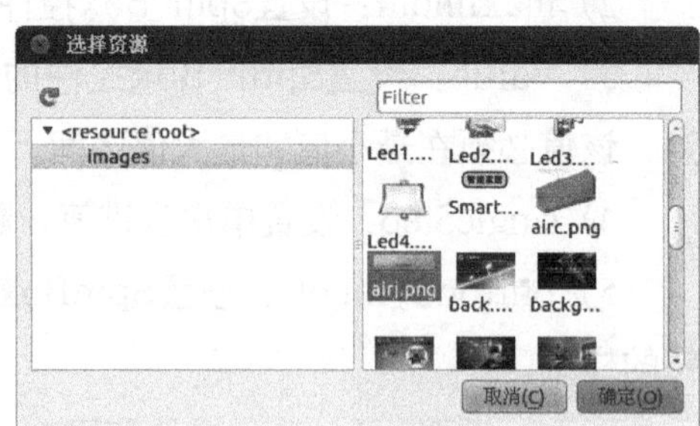

图1-49　设置控件样式

3）拖入两个Push Button控件和一个Spin Box控件，布局如图1-44所示，设置两个Push Button的控件名分别为“btnAirjKg”和“btnAirjSz”，“text”属性分别为“开”和“设置”。设置Spin Box的控件名为“spAirj”，“minimum”属性为16，“maximum”属性为32。

4）设置完成，运行效果如图1-44所示。

任务6　设计工作模式界面

任务描述

在智能家居软件系统中设置了3种工作模式：单控模式、联动模式和自定义模式。为了消除模式间的互相干扰，将这3种模式放入不同的容器中，如图1-50所示。

图1-50　工作模式界面的设计

知识准备

Qt中的容器控件组包括9种容器控件。其中，较为常用的有Tool Box（工具箱）控件、Tab Widget（切换卡）控件、Widget（组件）控件等，其使用方法大致相同，这里以Tab Widget控件为例进行讲解。

小知识：容器控件组（Containers）

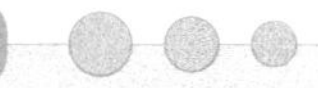

容器控件组如图1-51所示，组中各控件的名称及含义如下。

Group Box：组框。

Scroll Area：滚动区域。

Tool Box：工具箱。

Tab Widget：切换卡。

Stacked Widget：堆叠部件。

Frame：帧。

Widget：组件。

MdiArea：MDI区域。

Dock Widget：停靠窗体部件。

图1-51　容器控件组

1. Tab Widget控件的常用属性

1）currentIndex：Tab Widget控件当前标签索引值，索引值从0开始计数。如图1–50中，“单控模式”的索引值为0，“联动模式”和“自定义模式”的索引值依次为1和2。

2）currentTabText：Tab Widget控件当前标签文本。

3）tabPosition：Tab Widget控件的标签显示位置。默认值为North（上部），另外可以设置South（下部）、West（左部）、East（右部）。

实例：设置一个Tab Widget控件，索引0标签文本为“a”，索引1标签文本为“b”，标签显示位置在控件左侧。设置方法和运行效果如图1–52和图1–53所示。

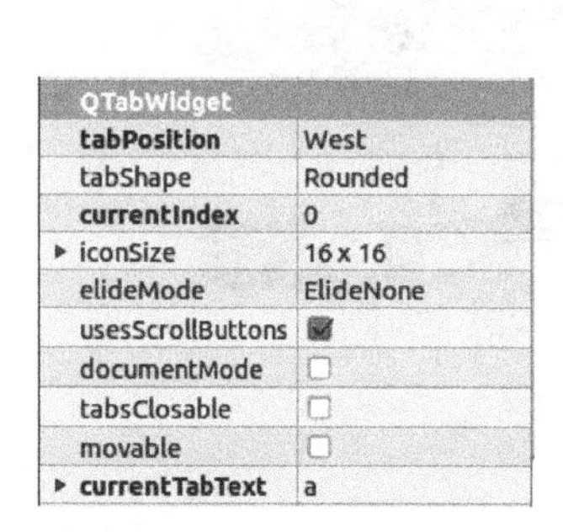

图1–52 属性设置

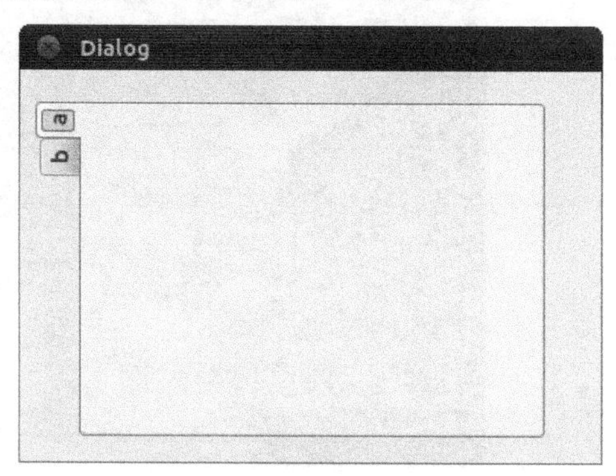

图1–53 运行效果

2. Tab Widget控件的常用方法

1）int currentIndex()：返回当前标签的索引号。

2）void setCurrentIndex(int index)：设置Widget当前标签的索引号，如“ui–>tabWidget–>setCurrentIndex(0);”。

3. Tab Widget设置控件样式

实例：设置Tab Widget控件标签文本颜色为红色，背景颜色为白色，边框颜色为绿色。设置方法和运行效果如图1–54和图1–55所示。

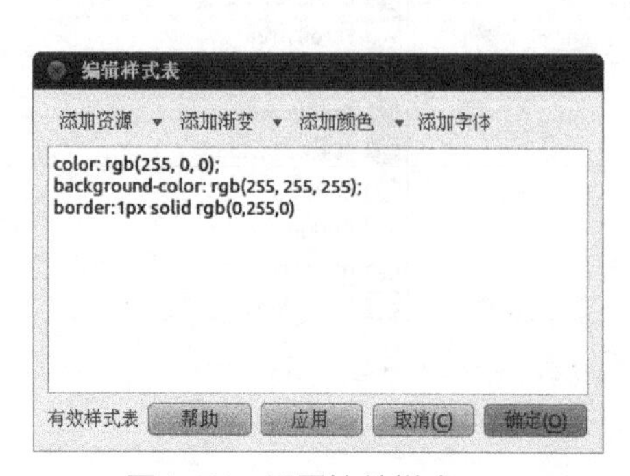

图1–54 设置控件样式

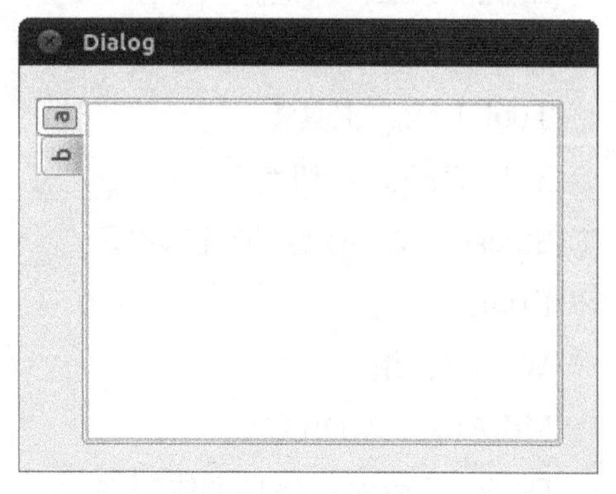

图1–55 运行效果

任务实施

1）打开项目“SmartHome”，进入界面文件“dialog.ui”。

2）将Tab Widget控件拖入界面并调整到合适位置。设置该控件的空间名为“tbMode”。

3）设置标签0的文本为“单控模式”，标签1的文本为“联动模式”。

4）在标签1状态下单击鼠标右键，在弹出的快捷菜单中选择“插入页”→“在当前页之后”命令。修改该标签的文本为“自定义模式”。

5）设置完成，运行效果如图1-50所示。

任务7　设计单控模式界面

任务描述

本任务进行单控模式界面的设计，如图1-56所示。在界面中，使用Radio Button和Push Button控件控制LED灯的闪烁和跑马灯效果。使用Date/Time Edit控件显示当前系统时间，使用Radio Button和Push Button控件可以进行时间设置。使用Label控件显示最高温度和最低温度。

图1-56　单控模式界面的设计

知识准备

Radio Button（单选按钮）是Buttons控件组的常用控件，用于进行单项选择。为防

止控件冲突，该控件要配合Widget控件进行使用。

1. Radio Button控件的常用属性

1）text：设置Radio Button控件的显示文本。

2）checked：设置Radio Button控件是否被选中。

实例：设置一个Radio Button控件的显示文本为“打开”，默认为选中状态，设置方法和运行效果如图1-57和图1-58所示。

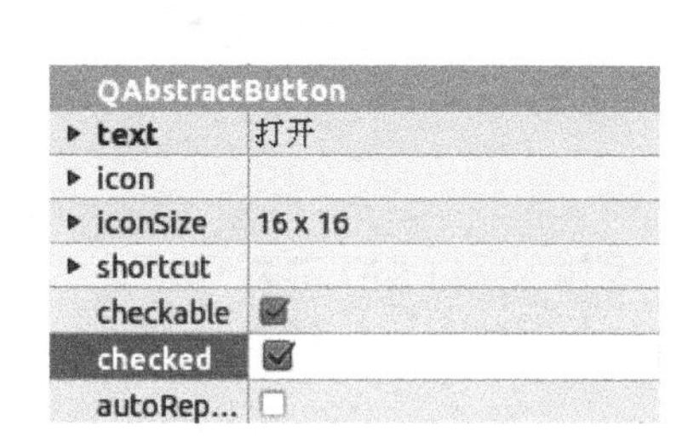

图1-57　属性设置

图1-58　运行效果

2. Radio Button控件的常用方法

1）bool isChecked()：返回Raido Button控件是否被选中，若选中则返回true，否则返回false。

2）void setChecked(bool)：设置Radio Button控件的选中状态，如“ui->radioButton->setChecked(true);”。

3. Radio Button设置控件样式

实例：设置Radio Button控件的文本颜色（color）为红色，背景颜色（background-color）为白色，设置方法和运行效果如图1-59和图1-60所示。

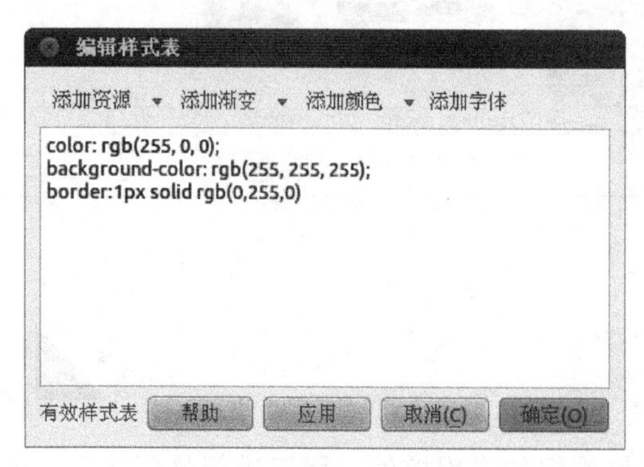

图1-59　设置控件样式

图1-60　运行效果

注意：

在Qt的控件中，有一些是需要配合容器使用的，如Radio Button控件，如图1-61所示。风扇和射灯两组单选按钮的选择应该是互不影响的，但在未设置容器时，系统默认4个单选按钮为一组，因此只能选中4个中的1个。

使用Widget控件将两组单选按钮放入不同的容器中，即可实现两组按钮互不影响，如图1-62所示。

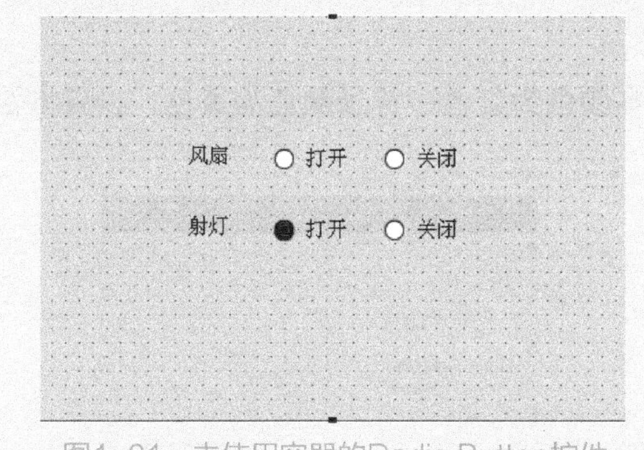

风扇
打开
关闭
射灯
打开
关闭
图1-61　未使用容器的Radio Button控件

风扇
打开
关闭
射灯
打开
关闭
图1-62　使用容器的Radio Button控件

Date/Time Edit（日期/时间编辑）控件是Input Widgets控件组的控件，用于进行时间和日期的编辑，与其功能类似的还有Date Edit（日期编辑）控件和Time Edit（时间编辑）控件。

1. Date/Time Edit控件的常用属性

1）date：设置Date/Time Edit控件显示日期，如“16-11-16”。

2）time：设置Date/Time Edit控件显示时间，如“AM12时00分00秒”。

3）displayFormat：设置Date/Time Edit控件显示格式。其中，“y”表示年，“M”表示月，“d”表示日，“H/h”表示24/12小时制时，“m”表示分，“s”表示秒，如“yyyy-MM-dd HH:mm:ss”。

实例：设置Date/Time Edit控件显示“2016年11月11日 00时00分00秒”，设置方法和运行效果如图1-63和图1-64所示。

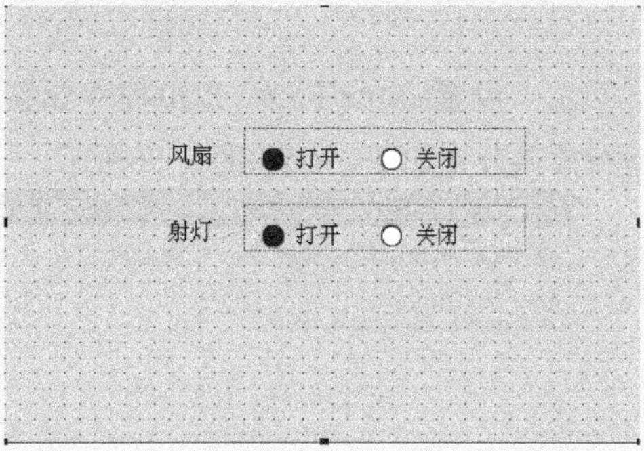

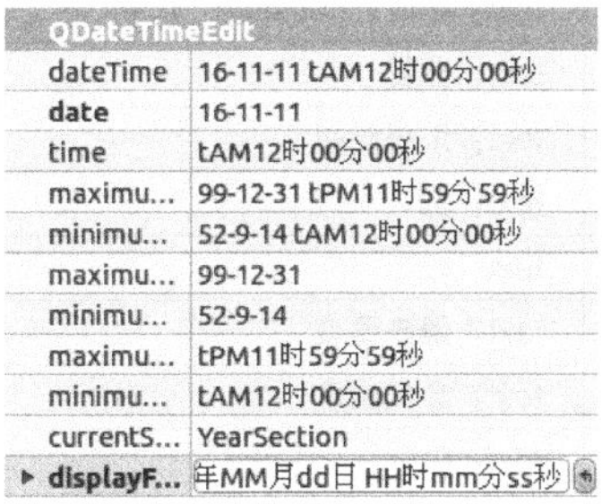

QDateTimeEdit
dateTime 16-11-11 tAM12时00分00秒
date 16-11-11
time tAM12时00分00秒
maximu... 99-12-31 tPM11时59分59秒
minimu... 52-9-14 tAM12时00分00秒
maximu... 99-12-31
minimu... 52-9-14
maximu... tPM11时59分59秒
minimu... tAM12时00分00秒
currentS... YearSection
displayF... 年MM月dd日 HH时mm分ss秒
图1-63　属性设置

Dialog
2016年11月11日00时00分00秒
图1-64　运行效果

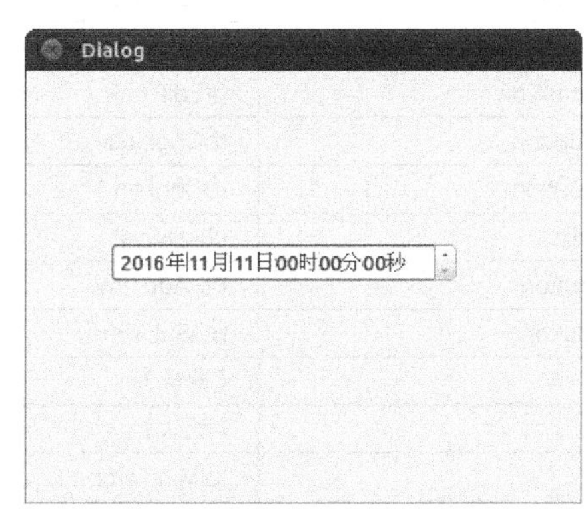

2. Date/Time Edit控件的常用方法

1）QDateTime dateTime()：返回控件的时间和日期，如“ui->dateTimeEdit->dateTime();”。

2）void setDateTime(const QDateTime &dateTime)：设置控件的日期和时间，如“ui->dateTimeEdit->setDateTime(QDateTime::currentDateTime());”，表示设置该控件的时间为当前系统时间，注意要先引入QDateTime类。

3. Date/Time Edit设置控件样式

实例：设置Date/Time Edit控件标签文本颜色为红色，背景颜色为黄色，设置方法和运行效果分别如图1-65和图1-66所示。

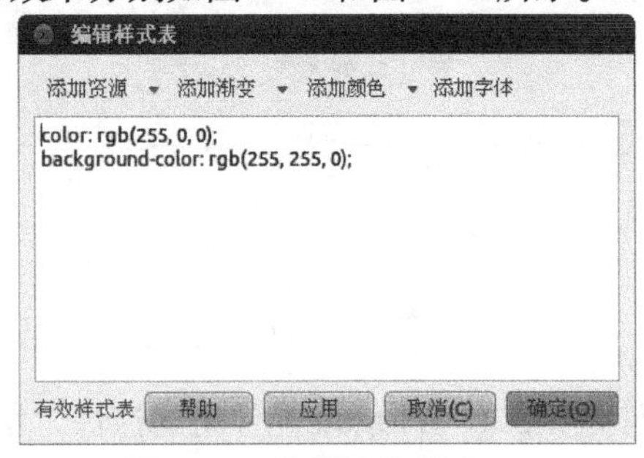

图1-65　设置控件样式

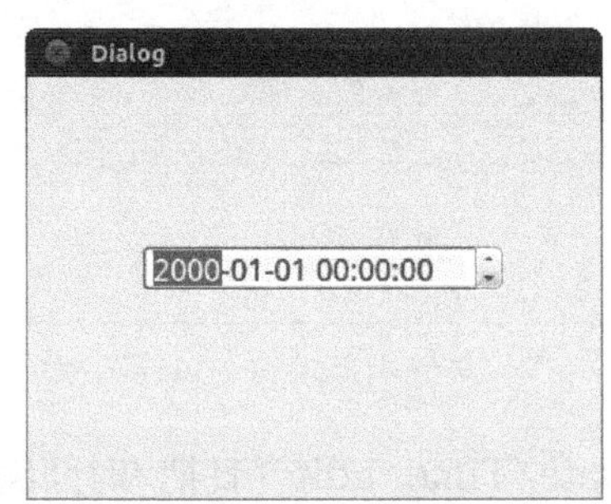

图1-66　运行效果

任务实施

1）打开项目“SmartHome”，进入界面文件“dialog.ui”。

2）按照图1-56所示的布局，将控件拖入界面中，属性设置见表1-1。

表1-1　单控模式控件属性设置

控件类型	控件名	属性设置
QPushButton	btnLED	text：LED开
QRadioButton	rbLEDShan	text：闪烁，checked：true
QRadioButton	rbLEDPao	text：跑马灯
QLabel	（默认）	text：当前时间
QDateTimeEdit	dtEdit	displayFormat: “yyyy-MM-dd HH:mm:ss”
QRadioButton	rbChgHour	text：小时，checked：true
QRadioButton	rbChgMin	text：分钟
QCheckBox	chkDtSys	text：系统时间
QPushButton	btnAddTime	text：加
QPushButton	btnSubTime	text：减
QLabel	（默认）	text：最高温度
QLabel	（默认）	text：最低温度
QLabel	lblMaxTemp	text：0
Label	lblMinTemp	text：0

3）拖入两个Widget容器控件，分别存放两组Radio Button控件。

4）设置完成。运行效果如图1–56所示。

任务8　设计联动模式界面

任务描述

本任务进行联动模式界面的设计，如图1–67所示。在界面中使用Date Edit控件进行日期的查询，Time Edit控件控制联动模式，Label控件用于查询结果显示和当前模式显示，Combo Box控件用于器件和控制方式的选择。

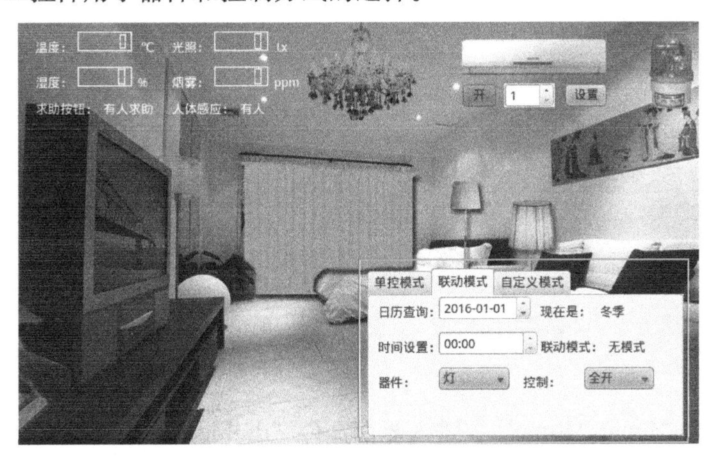

图1–67　联动模式界面的设计

知识准备

Combo Box（下拉列表框）控件是Input Widgets控件组的一个常用控件。用户通过对下拉列表框中项目的选择，完成数据的输入。

1．Combo Box控件的常用属性

1）currentIndex：Combo Box控件当前选项的索引。

2）maxCount：Combo Box控件最大下拉项数量。

2．Combo Box控件的常用方法

1）void setCurrentIndex(int index)：设置Combo Box控件当前选项索引，如“ui->comboBox->setCurrentIndex(0);”。

2）void clear()：清空Combo Box控件列表，如“ui->comboBox->clear();”。

3）void QComboBox::addItem(const QString &atext)：为Combo Box控件添加一条选项，如“ui->comboBox->addItem("a");”。添加选项的位置由该控件的“insertPolicy”属性决定，如“InsertAtBottom”则表示在控件的底部插入选项。

3. Combo Box设置控件样式

实例：设置Combo Box控件标签文本颜色为红色，背景颜色为黄色，边框颜色为绿色，设置方法和运行效果如图1-68和图1-69所示。

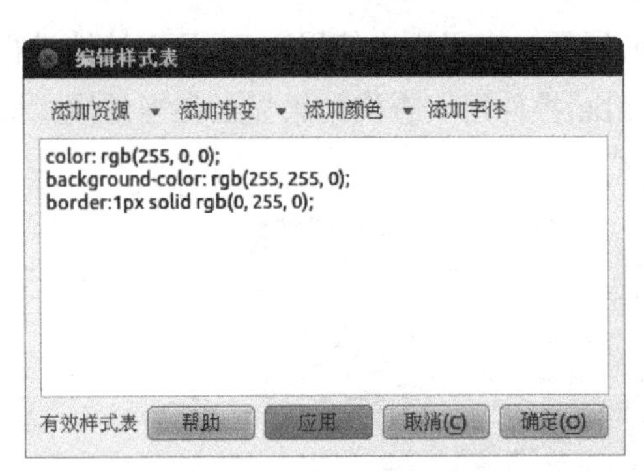

图1-68 设置控件样式

图1-69 运行效果

任务实施

1）打开项目“SmartHome”，进入界面文件“dialog.ui”。

2）按照图1-67所示的布局，将控件拖入界面中，属性设置见表1-2。

表1-2 联动模式控件属性设置

控件类型	控件名	属性设置
QLabel	（默认）	text：日历查询
QDateEdit	dateEdit	displayFormat：yyyy-MM-dd
QLabel	（默认）	text：现在是
QLabel	lblSea	text：冬季
QLabel	（默认）	text：时间设置
QTimeEdit	timeEdit	displayFormat：HH:mm
QLabel	（默认）	text：联动模式
QLabel	lblMode	text：无模式
QLabel	（默认）	text：器件
QComboBox	cbQj	（默认）
QLabel	（默认）	text：控制
QComboBox	cbKz	（默认）

3）双击“cbQj”控件，弹出“编辑组合框”对话框，添加器件选项，如图1-70所示。

4）双击“cbKz”控件，弹出“编辑组合框”对话框，添加控制选项，如图1-71所示。

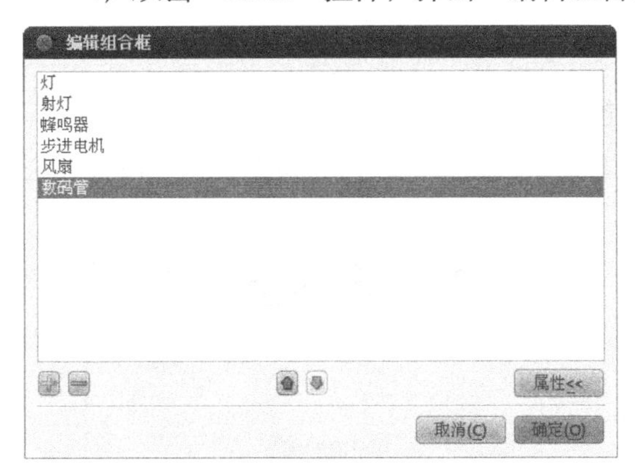

图1-70　“cbQj”控件编辑组合框设置

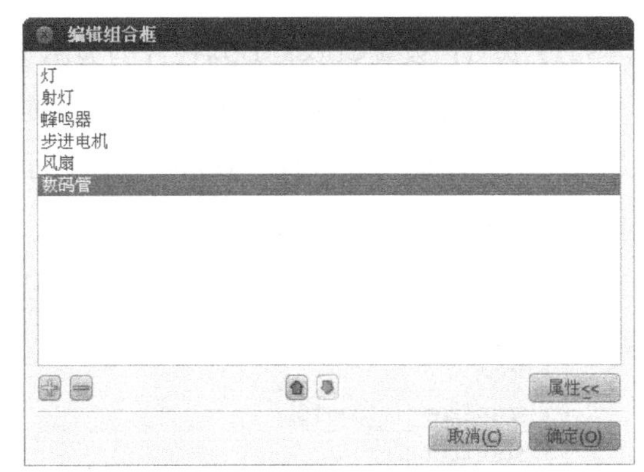

图1-71　“cbKz”控件编辑组合框设置

5）设置完成，运行效果如图1-67所示。

任务9　设计自定义模式界面

任务描述

本任务进行自定义模式界面的设计，如图1-72所示。使用Combo Box控件和Spin Box控件对自定义模式条件进行设置，使用Check Box控件进行设备的控制，使用Push Button控件控制自定义模式的开启和关闭。

图1-72　自定义模式界面的设计

知识准备

Check Box（复选框按钮）是Buttons控件组的常用控件，用于进行多项选择。

1. Check Box控件的常用属性

1）text：设置Check Box控件的显示文本。

2）checked：设置该Check Box控件是否被勾选。

实例：设置一个Check Box控件的显示文本为“风扇”，默认为勾选状态，设置方法和运行效果如图1-73和图1-74所示。

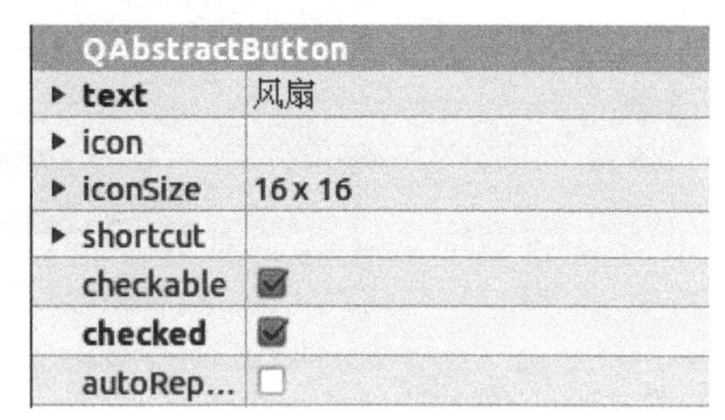

图1-73 属性设置

图1-74 运行效果

2. Check Box控件的常用方法

1）bool isChecked()：返回Check Box控件是否被勾选，若勾选则返回true，否则返回false。

2）void setChecked(bool)：设置Check Box控件的勾选状态，如“ui–>checkBox –>setChecked(true);”。

3. Check Box设置控件样式

实例：设置Check Box控件的文本颜色（color）为红色，背景颜色（background–color）为黄色，设置方法和运行效果如图1-75和图1-76所示。

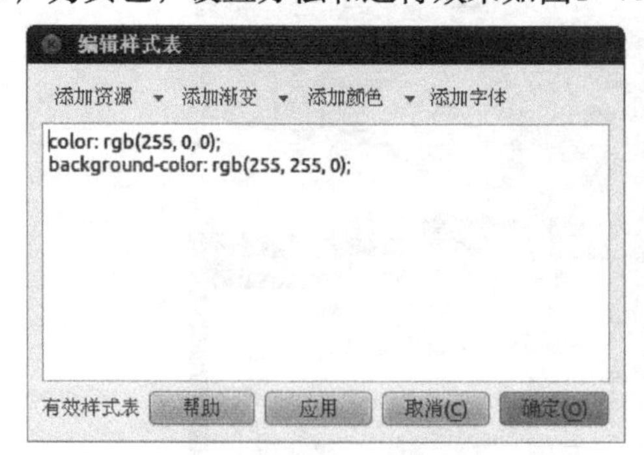

图1-75 设置控件样式

图1-76 运行效果

任务实施

1）打开项目“SmartHome”，进入界面文件“dialog.ui”。

2）按照图1−72布局，将控件拖入界面中，属性设置见表1−3。

表1−3　自定义模式控件属性设置

控件类型	控件名	属性设置
QLabel	（默认）	text：对象
QLabel	（默认）	text：条件
QLabel	（默认）	text：阈值
QComboBox	cbDx	（默认）
QComboBox	cbTj	（默认）
QSpinBox	spYz	（默认）
QCheckBox	cbFs	text：风扇
QCheckBox	cbSd	text：射灯
QCheckBox	cbLED	text：LED
QCheckBox	cbCl	text：窗帘
QCheckBox	cbSmg	text：数码管
QCheckBox	cbFmq	text：蜂鸣器
QPushButton	btnZdy	text：自定义模式开启
QComboBox	cbMode	选项：模式1、模式2、模式3
QPushButton	btnSave	text：保存
QPushButton	btnRead	text：读取

3）设置完成，运行效果如图1−72所示。

任务10　利用信号和槽机制实现设备状态的切换

任务描述

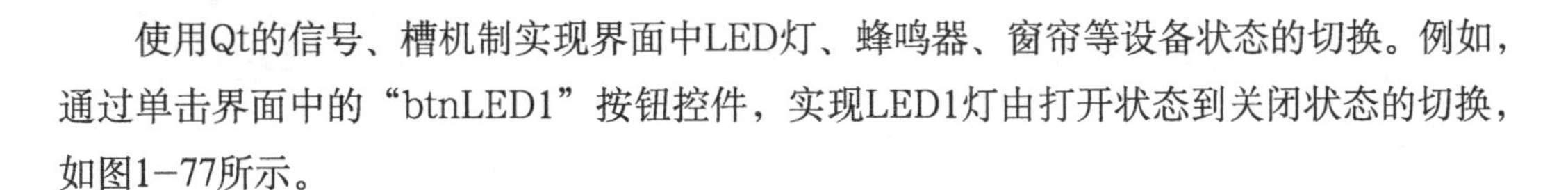

使用Qt的信号、槽机制实现界面中LED灯、蜂鸣器、窗帘等设备状态的切换。例如，通过单击界面中的“btnLED1”按钮控件，实现LED1灯由打开状态到关闭状态的切换，如图1−77所示。

图1-77　设备状态的切换

知识准备

1. Qt中的信号和槽机制（Signal & Slot）

在Qt中使用信号和槽机制完成用户对界面操作的响应，是一种对象之间的通信机制。其中，信号是在某种情况或动作下被触发，槽则是用于执行信号的方法。如图1-78所示，用户单击界面中的按钮控件，标签控件就会显示“你单击了一下按钮”，其中按钮控件作为被触发控件，是信号对象，触发动作“单击”是信号方法；由窗口对象进行信号的接收和处理，使用槽方法设置标签文字。

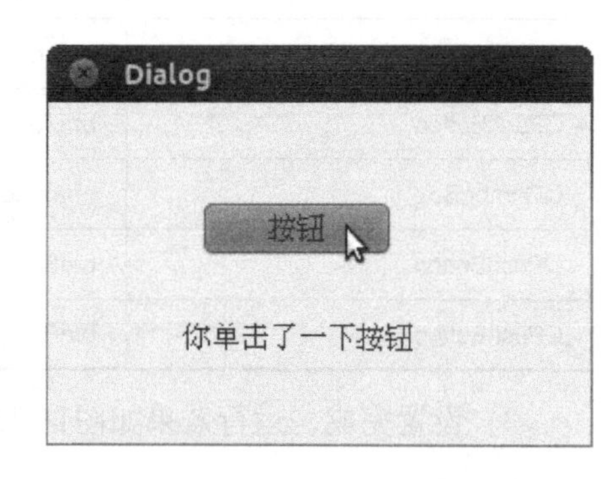

图1-78　单击按钮事件

2. 信号和槽的设置方法

创建一个Dialog项目，利用信号和槽实现图1-78所示的功能。

方法1：

1）右键单击按钮控件，在弹出的快捷菜单中选择“转到槽”命令，进入下一步骤，如图1-79所示。

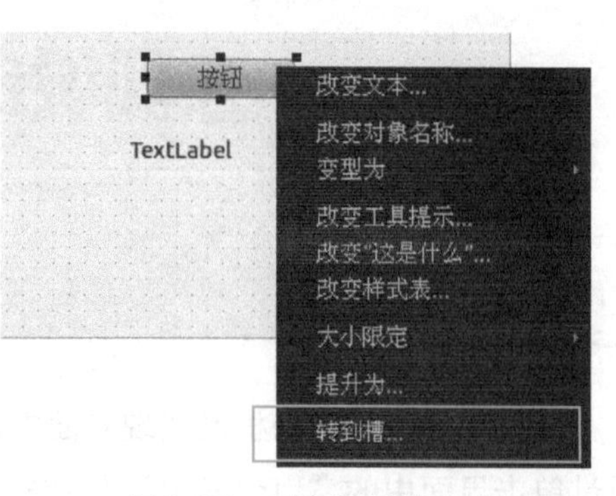

图1-79　对象转到槽

2）弹出“转到槽”对话框，在“选择信号”列表框中选择“clicked()”（单击事件）

信号，单击“确定”按钮进入下一步骤，如图1-80所示。

3）页面会自动跳转至“dialog.cpp”源文件，在此文件中同时会自动添加一个“void Dialog::on_pushButton_clicked()”的槽方法。另外，会在“dialog.h”头文件中的“private slots”（槽方法）区域声明“on_pushButton_clicked()”这个方法，如图1-81所示。

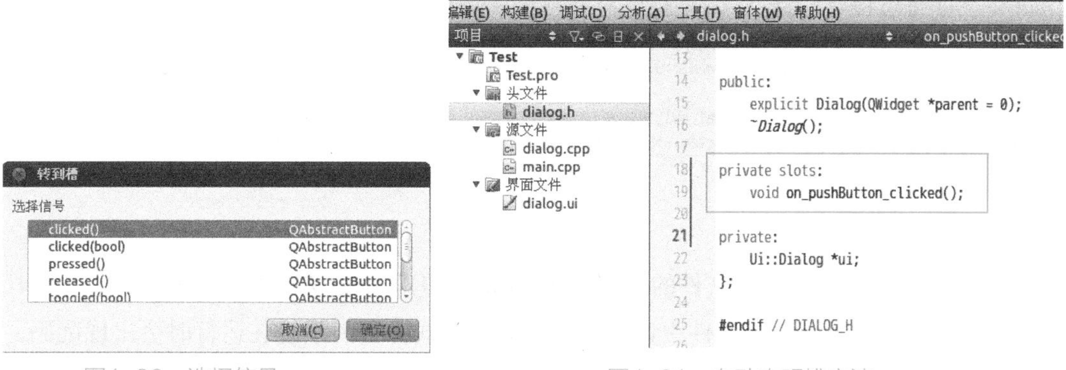

图1-80　选择信号　　　图1-81　自动声明槽方法

4）在槽方法中输入“ui->label->setText(“你单击了一下按钮”);”，如图1-82所示。

5）设置完成，运行测试。

```
void Dialog::on_pushButton_clicked()
{
    ui->label->setText("你单击了一下按钮");
}
```

图1-82　槽方法的设计

方法2：

1）在“dialog.h”头文件中先声明一个自定义的槽方法“void onclick()”，如图1-83所示。

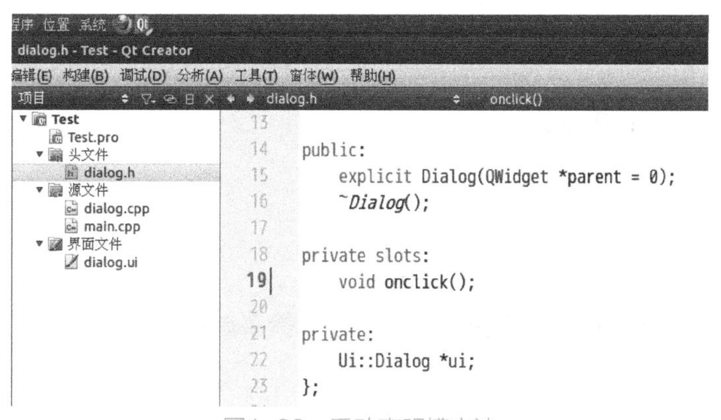

图1-83　手动声明槽方法

2）在“dialog.cpp”源文件的构造方法（源文件中的第一个方法）中输入“connect(ui->pushButton,SIGNAL(clicked()),this,SLOT(onclick()));”，进行信号槽的连接。如图1-84所示，其中“connect”是Qt提供的信号和槽连接的方法；“ui->pushButton”是指信号对象为按钮控件；“SIGNAL(clicked())”是设置信号方法为“clicked()”，这是Push Button控件自带的信号方法；“this”是信号的接收对象，指的是Dialog窗口对象本身；“SLOT(onclick())”是指设置槽方法为“onclick()”，这是在头文件中自定义的槽方法。

工具(T) 窗体(W) 帮助(H)
dialog.cpp　Dialog::Dialog(QWidget *)

```
1  #include "dialog.h"
2  #include "ui_dialog.h"
3  #include "QDateTime"
4  Dialog::Dialog(QWidget *parent) :
5      QDialog(parent),
6      ui(new Ui::Dialog)
7  {
8      ui->setupUi(this);
9      connect(ui->pushButton,SIGNAL(clicked()),this,SLOT(onclick()));
10 }
11
```

图1-84　连接信号槽

3）在“dialog.cpp”源文件的底部写入“onclick()”槽方法，如图1-85所示。

4）在“main.cpp”主文件中设置项目的编码方式，否则系统在运行时会出现乱码，如图1-86所示。

```
void Dialog::onclick(){
    ui->label->setText("你单击了一下按钮");
}
```

图1-85　写入槽方法

```
#include <QtGui/QApplication>
#include "dialog.h"
#include "QTextCodec"
int main(int argc, char *argv[])
{
    QApplication a(argc, argv);
    QTextCodec::setCodecForCStrings(QTextCodec::codecForName("UTF-8"));
    Dialog w;
    w.show();
    return a.exec();
}
```

图1-86　编码格式的设置

5）设置完成，运行测试。

任务实施

1）右键单击“btnLED1”按钮，在弹出的快捷菜单中选择“转到槽”命令，进入下一步。

2）选择“clicked()”信号，单击“确定”按钮进入下一步。

3）在槽方法中输入如下代码：

```
void Dialog::on_btnLED1_clicked()
{
    ui->btnLED1->setStyleSheet("border-image: url();");
}
```

4）使用相同方法，完成“btnLED2”“btnLED3”“btnLED4”“btnStepMotor”和“btnBuzz”控件的设置，代码如下：

```
void Dialog::on_btnLED2_clicked()
{
    ui->btnLED2->setStyleSheet("border-image: url();");
}
void Dialog::on_btnLED3_clicked()
{
    ui->btnLED3->setStyleSheet("border-image: url();");
}
void Dialog::on_btnLED4_clicked()
{
    ui->btnLED4->setStyleSheet("border-image: url();");
}
void Dialog::on_btnStepMotor_clicked()
{
    ui->btnStepMotor->setStyleSheet("border-image: url();");
}
void Dialog::on_btnBuzz_clicked()
{
    ui->btnBuzz->setStyleSheet("border-image: url(:/images/red.png);");
}
```

5）运行测试。如图1-87所示，单击按钮控件可实现控件图片状态的切换。

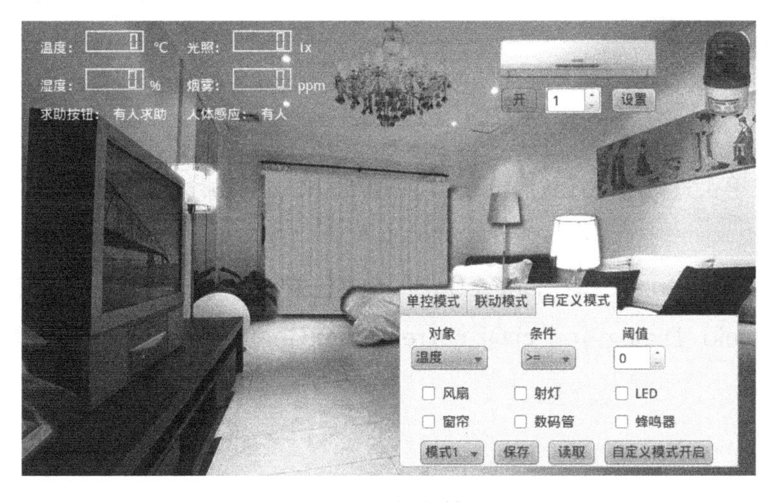

图1-87　运行效果

小知识：

下面介绍几种常用控件的信号和槽方法，使用这些方法实现图1-88中联动模式的部分功能。

图1-88　器件的设置

1. Combo Box控件

常用信号方法为“currentIndexChanged(int/QString)”，表示当前索引改变时触发，传递的参数是当前选项的索引或文本。

实例：如图1-88所示，在联动模式中选择“器件”下拉列表框，自动更改动作选项（即当图中左边的下拉列表框选择为“灯”时，右边的下拉列表框中则自动添加“全开”和“全关”两个选项）。

选项设置见表1-4。

表1-4　选项设置

器件列表	控制列表
灯	全开、全关
射灯	打开、关闭
蜂鸣器	开、关
步进电机	正转、反转、停止
风扇	打开、关闭
数码管	开、关

实例分析：本实例是由“器件”下拉列表框的切换控制下拉列表框中的文本，因此信号对象为“cbQj”。具体操作步骤如下：

1）右键单击“cbQj”控件，在弹出的快捷菜单中选择“转到槽”命令，进入下一步骤。

2）选择“currentIndexChanged(int)”信号，单击“确定”按钮进入下一步骤。

3）在“void Dialog::on_cbQj_currentIndexChanged(int index)”槽方法中加入如下代码：

```
void Dialog::on_cbQj_currentIndexChanged(int index)
{
```

```
    ui->cbKz->clear();//清空控制列表
    if(index==0){//当器件列表下标为0时
        ui->cbKz->addItem("全开");
        ui->cbKz->addItem("全关");
    }
    if(index==1||index==4){//当器件列表下标为1或4时
        ui->cbKz->addItem("打开");
        ui->cbKz->addItem("关闭");
    }
    if(index==2||index==5){//当器件列表下标为2或5时
        ui->cbKz->addItem("开");
        ui->cbKz->addItem("关");
    }
    if(index==3){//当器件列表下标为3时
        ui->cbKz->addItem("正转");
        ui->cbKz->addItem("反转");
        ui->cbKz->addItem("停止");
    }
}
```

4）设置完成，运行效果如图1-89所示。

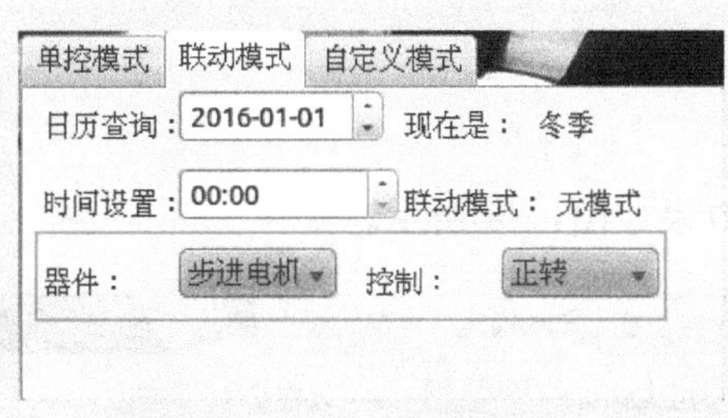

图1-89　运行效果1

2．Time Edit控件

常用信号方法为“timeChanged(QTime)”，表示为当前时间改变时触发，传递的参数为当前的时间。

实例：如图1-88所示，实现智能家居应用中的3种模式，即日间模式、夜间模式和安防模式。设置时间，当时间介于6:05～18:05区间时，进入日间模式；当时间介于18:06～00:10区间时，进入夜间模式；当时间介于0:11～06:04区间时，进入安防模式。

实例分析：本实例通过修改“timeEdit”控件的时间控制“lblMode”标签控件来显示对应的模式。因此信号对象为“timeEdit”，具体操作步骤如下：

1）右键单击“timeEdit”控件，在弹出的快捷菜单中选择“转到槽”命令，进入下一步骤。

2）选择“timeChanged(QTime)”信号，单击“确定”按钮进入下一步骤。

3）在“void Dialog::on_timeEdit_timeChanged(const QTime &date)”槽方法中加入如下代码：

```
void Dialog::on_timeEdit_timeChanged(const QTime &date)
{
    QString time = date.toString("HH:mm");//将timeEdit控件的时间转为字符串，格式为"时:分"
    if(time>="06:05"&&time<="18:05"){//当时间介于6:05~18:05之间时
        ui->lblMode->setText("日间模式");
    }
    if((time>="18:06"&&time<="23:59")||(time>="00:00"&&time<="00:10")){//当时间介于18:06~00:10之间时
        ui->lblMode->setText("夜间模式");
    }
    if(time>="00:11"&&time<="06:04"){//当时间介于00:11~06:04之间时
        ui->lblMode->setText("安防模式");
    }
}
```

4）设置完成，运行效果如图1-90所示。

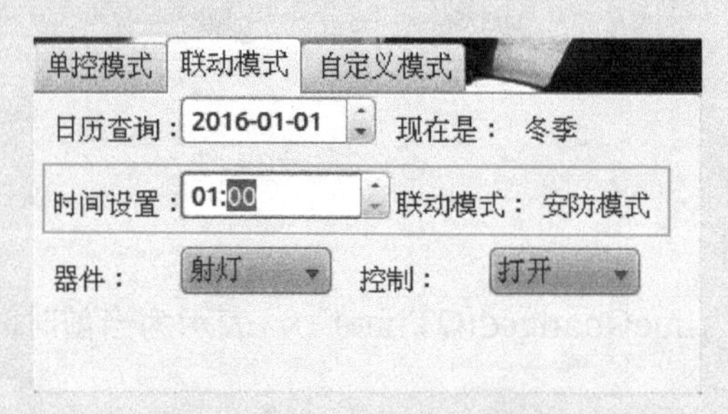

图1-90　运行效果2

3．Date Edit控件

常用信号方法为“dateChanged(QDate)”，表示为当前日期改变时触发，传递的参数为当前的日期。

实例：如图1-88所示，日历查询显示当天时期，并判断季节，更改日期时，自动判断季节（假设春季为3～5月）。

实例分析：本实例通过修改“dateEdit”控件的日期控制“lblSea”标签控件来显示对应的季节。因此信号对象为“dateEdit”，具体操作步骤如下：

1）右键单击“dateEdit”控件，在弹出的快捷菜单中选择“转到槽”命令，进入下一步骤。

2）选择“dateChanged(QDate)”信号，单击“确定”按钮进入下一步骤。

3）在“void Dialog::on_dateEdit_dateChanged(const QDate &date)” 槽方法中加入如下代码：

```
void Dialog::on_dateEdit_dateChanged(const QDate &date)
{
    int month = date.month();//获取dateEdit控件月份
    if(month>=3&&month<=5){//当月份介于3～5月时
        ui->lblSea->setText("春季");
    }
    if(month>=6&&month<=8){//当月份介于6～8月时
        ui->lblSea->setText("夏季");
    }
    if(month>=9&&month<=11){//当月份介于9～11月时
        ui->lblSea->setText("秋季");
    }
    if(month==12||month<=2){//当月份介于12～2月时
        ui->lblSea->setText("冬季");
    }
}
```

4）设置完成，运行效果如图1-91所示。

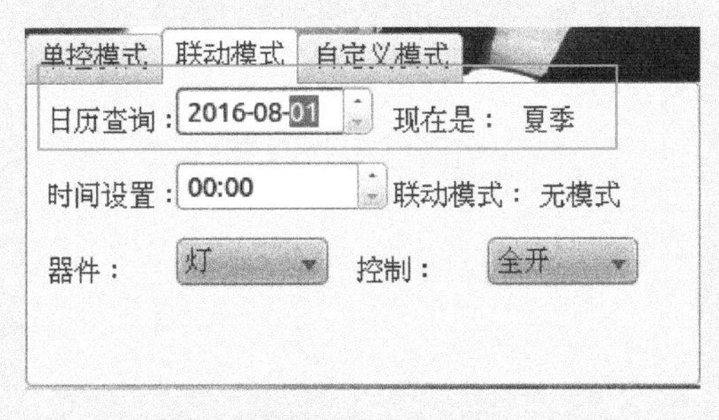

图1-91　运行效果3

项 目 总 结

在本项目中学习了以下内容：

1）Qt GUI项目的创建。在创建项目向导中应注意项目名称首字母要大写，并选择合适的“基类”。项目创建完成后要对项目的构建目录进行设置。

2）Qt图形化界面中控件的创建和设置。用户可以直接使用拖动控件的方式完成控件的创建。对于控件的设置，可以利用控件的“属性”窗口进行设置，也可以在源文件中使用“ui->控件名->set属性名（属性值）”的方式进行设置。控件的样式可以通过“编辑样式表”对话框进行设置。

3）控件的命名尽量使用有意义的英文或拼音，命名时要使用“驼峰法”。

4）使用信号和槽机制进行控件状态的切换。信号和槽的建立可以使用右键单击信号控件，在弹出的快捷菜单中选择“转到槽”命令的方法，也可以使用“connect（信号对象，SIGNAL（信号方法），槽对象，SLOT（槽方法））”的方法来实现。一般信号方法是系统提供的方法，不需要用户进行定义，而槽方法是用户自定义的方法，需要先在头文件的“private slots”区域声明方法。

项目2 PROJECT 2

实现智能家居软件系统的基本功能

项目概述

本项目是实现智能家居系统中设备的基本功能，如环境监测数据的获取，LED灯、蜂鸣器、窗帘等电器的控制，联动模式、自定义模式功能的实现。通过实例功能的实现，掌握Qt程序设计的基本语法。

项目目标

1）了解Qt GUI的项目结构，掌握库文件引入的方法。

2）掌握Qt中变量和运算符的类型及使用方法。

3）了解程序设计的3种基本结构，掌握Qt中分支结构的语法规范。

4）了解“宏”的概念，使用宏定义简化代码的书写量，提升代码的书写效率。

5）掌握Qt中方法的定义和调用方法。

任务1 引入库和必要的文件

任务描述

对运行于PC端的库文件“lib-X86.so”进行加载，使用“#include”命令，导入“智能家居”系统提供的必要文件。

知识准备

1. 库文件概述

库文件是将属性和方法封装在一个文件中供程序调用，封装后的库文件无法查看源码，也无法对库中的方法和属性进行修改，提升了代码的安全性，也便于程序员对代码进行维护。库文件通常有静态库文件和动态库文件两种，Windows静态库文件就是.lib文件，动态库文件就是.dll文件，而Linux操作系统的静态库文件和动态库文件的扩展名分别是.a和.so。两种库的区别在于，静态库被调用时直接加载到内存中，而动态库是在需要的时候加载到内存，不使用的时候再从内存释放。

2. 在Qt中添加库文件

库文件要在.pro文件中添加，在文件中加入“LIBS += 库文件路径/库文件名”。系统给用户提供了两个库文件，其中“lib-X86.so”是在PC端运行所依赖的动态链接库文件，“lib-ARM.so”是在网关端运行所依赖的动态链接库。

小知识：Qt GUI的项目结构

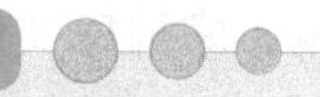

创建Qt GUI项目后会在Qt的左侧项目列表中自动生成许多文件，如图2-1所示，主要包括项目文件（pro）、头文件（h）、源文件（cpp）和界面文件（ui）。

图2-1 Qt GUI项目结构

1）项目文件，由qmake指令进行编译的文件，其中的常用变量如下。

QT：指定工程所要使用的Qt模块，如“Qt+=sql”表示使用数据库模块。

TARGET：指定编译后生成的可执行文件名，默认为当前目录名。

LIBS：指定工程要链接的库文件，如“LIBS += ./lib-X86.so”表示链接了构建目录下的“lib-X86.so”库文件。

HEADERS：注册项目的头文件，如“HEADERS += dialog.h”表示该项目包含“dialog.h”头文件。

SOURCES：注册项目的源文件，如“SOURCES += dialog.cpp”表示该项目包含“dialog.cpp”源文件。

FORMS：注册项目的界面文件，如“FORMS+= dialog.ui”表示该项目包含“dialog.ui”界面文件。

RESOURCES：指定需要处理的资源文件。

2）头文件，用于进行变量和方法的声明。例如，“public”区域用于声明公用的属性和方法；“signals”区域用于声明自定义信号方法；“private slots”区域用于声明自定义的槽方法。

3）源文件，对头文件声明的方法进行实现。源文件中有一个名为“main.cpp”的文件，是整个项目的入口文件，每个项目只能有一个“main.cpp”文件。

4）界面文件，用于对项目进行界面设计。

3. 文件包含命令

QT中的“文件包含”是指将另一个库文件或头文件的内容合并到本程序中。在C++语言中使用“#include”命令进行文件包含的操作，命令格式如下：

```
#include <文件名/类名>或者#include “文件名/类名”
```

“文件包含”的两种格式都可以引入指定的文件或类。通常，第1种格式是将文件名/类名用尖括号标记起来，用于包含由系统提供的并放在指定子目录中的头文件或类，如“#include <QDialog>”；第2种格式是将文件名/类名用双引号标记，用于包含由用户定义的放在当前目录或其他目录下的头文件或类，如“#include “smartHome.h””。

4. 条件编译命令

在程序运行前，所有的语句都必须先完成编译。但有时也希望根据一定的条件去编译源文件的不同部分，即“条件编译”。条件编译使得同一源程序在不同的编译条件下得到不同的目标代码。C++中常用的条件编译命令格式如下：

```
#ifdef(ifndef)  <标识符>
   <程序段1>
[#else
```

```
<程序段2>
]
```

其中，ifdef(ifndef)表示如果标识符已（未）被#define命令定义过，则编译程序段1。中括号为可选项，表示否则编译程序段2。例如，在头文件的顶部经常会有如下代码：

```
#ifndef  DIALOG_H
#define  DIALOG_H
```

任务实施

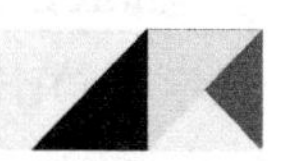

1）协调器的连接。使用RS-232串口线的USB端连接计算机，串口端连接协调器，协调器使用DC 5V供电。连接完成后在虚拟机右下角的“Future Devices USB Serial Converter”图标处显示串口已连接，否则单击该图标，选择“连接”选项连接串口。

图2-2　串口连接图标

注意：

给协调器供电时一定要选择工作台上的5V供电，而不要使用12V供电，否则会将设备烧毁。

2）将系统提供的必要的头文件“command.h”“posix_qextserialport.h”“qextserialbase.h”“qextserialport.h”“serialThread.h”和源文件“serialThread.cpp”复制到“SmartHome”项目目录中。

3）创建Debug1和Debug2两个文件夹作为PC端和网关的构建目录，将“lib-X86.so”库文件放入Debug1文件夹中，将“lib-ARM.so”库文件放入Debug2文件夹中。

4）打开“SmartHome”项目，设置构建目录为Debug1文件夹，Qt版本设置为“Desktop Qt 4.8.1 for GCC”，如图2-3所示。

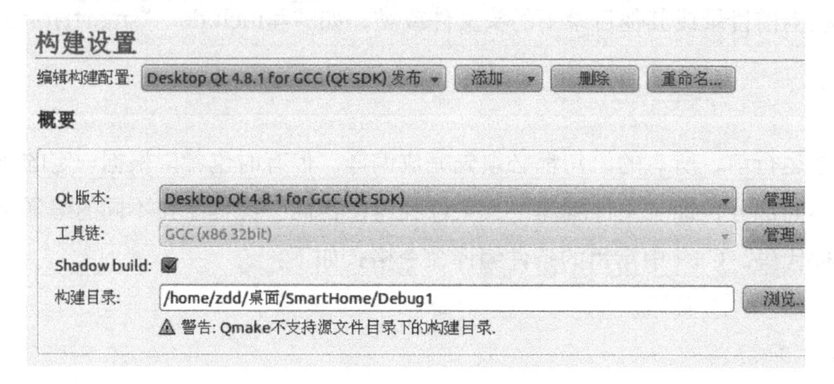

图2-3　项目构建设置

5）打开“SmartHome.pro”项目文件，添加“LIBS += ./lib-X86.so”，如图2-4所示。

6）右键单击“SmartHome”项目，在弹出的快捷菜单中选择“添加现有文件”命令，如图2-5所示。

```
QT        += core gui

TARGET = SmartHome
TEMPLATE = app
LIBS += ./lib-X86.so
```

图2-4　添加库文件

图2-5　添加现有文件

7）选择要添加的头文件和源文件，按<Ctrl>键可对多个文件进行选择。单击“打开”按钮完成头文件的添加，如图2-6所示。

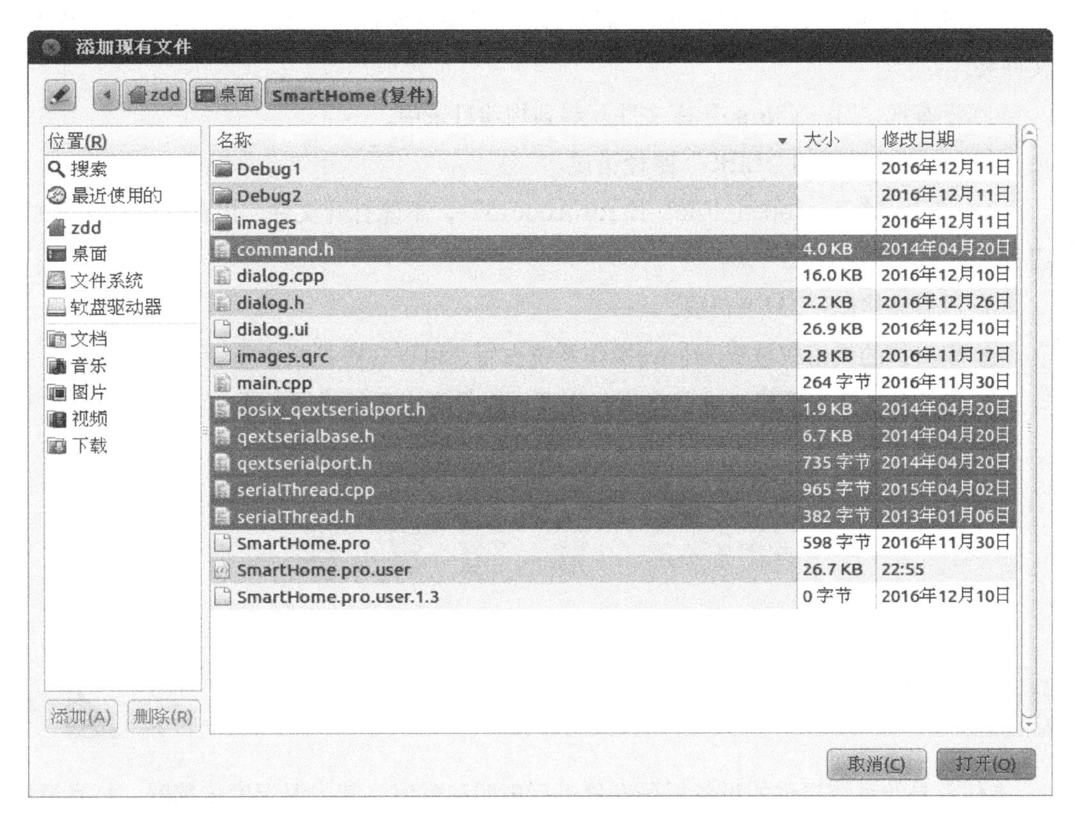

图2-6　添加头文件和源文件

8）在“dialog.h”头文件中引入“command.h”文件，如图2-7所示。

9）在“public”区域声明一个command类的对象，如图2-8所示。

```
#ifndef DIALOG_H
#define DIALOG_H

#include <QDialog>
#include "command.h"
```

图2-7　引入“command.h”

```
public:

    explicit Dialog(QWidget *parent = 0);
    ~Dialog();
    command DataHandle;
```

图2-8　声明command类的对象

10）打开“dialog.cpp”源文件，在构造方法中输入打开串口的方法“DataHandle.SerialOpen();”。

11）设置完成，编译运行。若在“应用程序输出”窗口中出现“open File success”，则表示串口打开成功。

注意：本任务在调试中常出现的错误如下。

1）“.lib-X86.so No such file or directory”，没有找到“lib-X86.so”这个库文件，出现这个错误的原因有以下几种情况：

① 项目的构建目录设置错误。构建目录一定要指向含有“lib-X86.so”库文件的文件夹。

② 没有把“lib-X86.so”库文件复制到构建目录中。

③ pro文件设置的“LIBS”路径错误。

2）“Could not open File! Error code:5”，不能打开文件，出现这个错误的原因有以下几种情况：

① 没有连接RS-232串口线。

② 串口线的使用权被Windows操作系统占用，可以在虚拟机中重新连接串口。

③ 连接的协调器死机。这是以后代码调试时经常出现的错误，重启协调器即可。

任务2　设 置 板 号

任务描述

本任务是给系统提供的设备板号变量进行声明和赋值，其中温湿度传感器、灯光模块（LED）、求助按钮、蜂鸣器（板载）与结点板1的连接；光照度传感器、空调模块（数码管）、射灯（继电器）与结点板2的连接；烟雾传感器、窗帘模块（步进电机）、风扇

模块（直流电机）、人体红外模块与结点板3的连接。板号变量的配置见表2-1。

表2-1 板号变量的配置

变量名	作用	板号
configboardnumbertemp	温度传感器板号	1
configboardnumberHumidity	湿度传感器板号	1
configboardnumberIllumination	光照度传感器板号	2
configboardnumberSmoke	烟雾传感器板号	3
StateHumanInfrared	人体红外传感器板号	3
StateHelpButton	求助按钮传感器板号	1
configboardnumberStepMotor	步进电机板号	3
configboardnumberDCMotor	直流电机板号	3
configboardnumberDigital	数码管板号	2
configboardnumberLED	LED灯板号	1
configboardnumberRelay	继电器板号	2
configboardnumberBuzz	蜂鸣器板号	1

知识准备

变量即在程序运行过程中其值允许改变的量，存放于内存的一块区域中。

1. 变量的数据类型

变量必须有特定的数据类型，不同的数据类型表示不同的数据存储结构。Qt中的常用数据类型见表2-2。

表2-2 Qt中的常用数据类型

类型名称	字节空间	类型说明
int	4B（32位）	存储整数，如1
float	4B（32位）	存储浮点数，如1.0
double	8B（64位）	存储双精度浮点数，如1.0
char	2B（16位）	存储一个字符，如'a'
bool	1B（8位）	存储逻辑变量，如true，false

2. 变量的声明

变量使用前必须先声明，而且在同一代码范围内，一个变量名只允许声明一次。声明变量的格式为“数据类型 变量名;”。例如，int a，表示声明了一个整型变量a。

3. 变量的赋值

变量在声明或声明后就可以赋值了，赋值符号为“=”号，一个变量可以进行多次赋值。

实例：观察图2-9中的4种变量赋值方法是否正确。

图2-9a是先声明一个int型变量a，再对其赋值，图2-9b是声明变量a的同时赋值，再对a进行了重新赋值，这两种赋值方法都是正确的。图2-9c是在没有声明变量a的情况下直接赋值，是错误的。图2-9d重复声明了同一个变量，也是错误的。

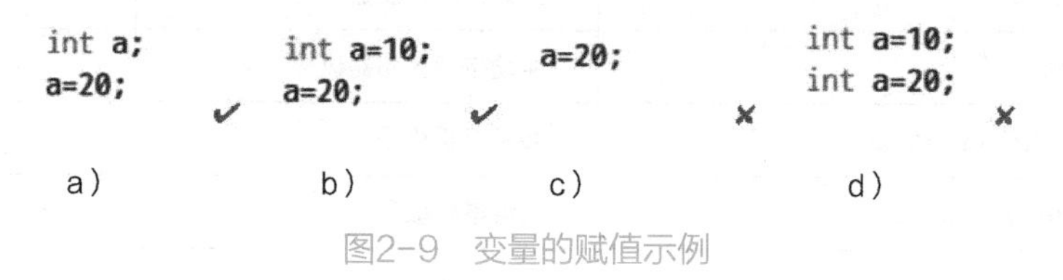

图2-9　变量的赋值示例

4. 变量的作用域

变量有其存在的范围，当程序运行超出这个范围后，这个变量将被收回。同名变量作用域不能重叠。一般来说，变量存在的作用域为离变量声明最近的一对大括号。

实例：观察图2-10中两种变量的赋值方法是否正确。

图2-10a中变量a的作用域出现重叠，会出现编译错误，图2-10b中a的作用域没有出现重叠，则编译正确。

```
a=10;
(int i=0;i<=100;i++){
 int a = 20;
                              ×
```

a)

```
for(int i=0;i<=100;i++){
    int a = 20;
}
int a=10;
```

b)

图2-10　变量的作用域示例

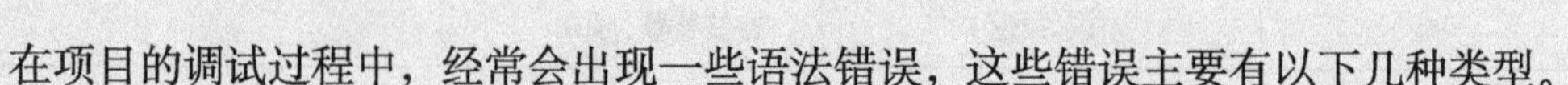

在项目的调试过程中，经常会出现一些语法错误，这些错误主要有以下几种类型。

1）程序在编辑过程中由软件自动检测的错误。这类错误主要是由于代码书写不规范造成的，常见原因有：指令没有使用“;”结束符，编程要求每条指令必须以“;”作为结束符；代码段中的正反括号不匹配，建议在代码输入过程中正括号与反括号成对输入后，再对括号中的代码进行编辑。这种类型的错误在程序中是比较容易发现的，Qt软件会对出现错误的代码用红色波浪线进行标记，鼠标光标停放在错误代码上时系统会提示错误原因，代码修改正确后，红色波浪线会自动消失。

2）程序在编译过程中出现的错误。造成这类错误的常见原因有：指令代码输入错误；变量名或方法名未声明就直接使用；表达式左右两边的数据类型不匹配等。这类错误会在用户进行程序编译时报错，并将报错信息显示在“问题”窗口中。可以通过双击报错信息自动定位到代码错误行，根据报错信息进行修改。修改正确后，程序可以被成功编译。

3）程序可以成功编译，但无法实现程序功能。造成这类错误的原因主要是代码中存在逻辑错误，由于系统不能准确提供具体是哪段代码出现的问题，因此这类错误较难排除。可以使用“QDebug”类的“qDebug()<<”（使用前必须在代码中加入“#include "Qdebug"”）方法对程序的运行过程进行跟踪，找出问题代码出现的位置。“qDebug()<<”方法的调试结果会在“应用程序输出”窗口中显示，可以使用多种数据类型的参数，如“qDebug()<<"a"”和“qDebug()<<1”。

任务实施

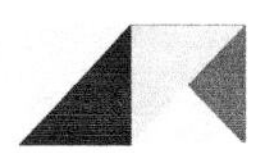

1）将结点板顶板插入协调器，使用配置工具按照要求进行配置，配置方法如图2-11所示。

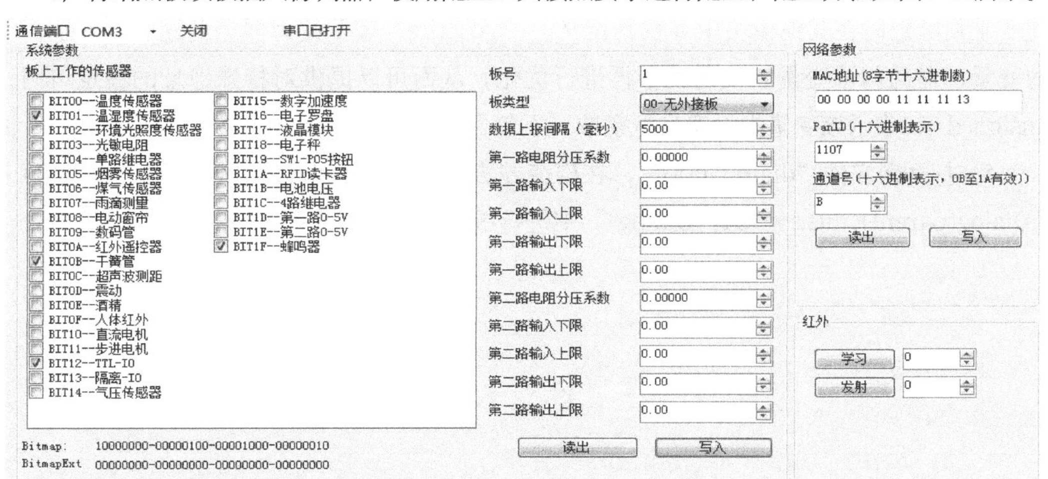

图2-11　结点板的配置

2）结点板使用数据线与工作台进行连接，结点板使用DC 5V供电，如图2-12所示。

图2-12　结点板的连接

3）打开项目“SmartHome”，进入头文件“dialog.h”。

4）在类的外部进行板号的变量声明，代码如下：

```
extern volatile unsigned int configboardnumbertemp; //温度
extern volatile unsigned int configboardnumberHumidity; //湿度
extern volatile unsigned int configboardnumberIllumination; //光照度
extern volatile unsigned int configboardnumberSmoke; //烟雾
extern volatile unsigned int configboardnumberHumanInfrared; //人体红外
extern volatile unsigned int configboardnumberHelpButton; //求助按钮
extern volatile unsigned int configboardnumberStepMotor; //步进电机
extern volatile unsigned int configboardnumberDCMotor; //直流电机
extern volatile unsigned int configboardnumberDigital; //数码管
extern volatile unsigned int configboardnumberLED; //LED 灯
extern volatile unsigned int configboardnumberRelay; //继电器
extern volatile unsigned int configboardnumberBuzz; //蜂鸣器
```

注：变量修饰词“extern” 表示变量或函数的定义在其他文件中，提示编译器遇到此变量和函数时在其他模块中寻找其定义。“volatile”表示编译器遇到这个关键字声明的变量，对访问该变量的代码就不再进行优化，从而可以提供对特殊地址的稳定访问。unsigned int表示该变量为无符号型整数（不包含负数）。

5）打开源文件“dialog.cpp”，在构造方法“Dialog::Dialog(QWidget *parent) : QDialog(parent),ui(new Ui::Dialog)”中进行板号的赋值，代码如下：

```
configboardnumbertemp=1;
configboardnumberHumidity=1;
configboardnumberIllumination=2;
configboardnumberSmoke=3;
configboardnumberHumanInfrared=3;
configboardnumberHelpButton=1;
configboardnumberStepMotor=3;
configboardnumberDCMotor=3;
configboardnumberDigital=2;
configboardnumberLED=1;
configboardnumberRelay=2;
configboardnumberBuzz=1;
```

注意：本任务在调试中常出现的错误如下。

1）“'a' was not declared in this scope”，'a'这个变量没有声明。变量必须

要先声明后使用，直接给变量赋值就会出现这个错误。

2）“redeclaration of 'int a'”，在同一个作用域内重复地声明了变量a。

3）“invalid conversion from 'const char*' to 'int'”，赋值类型错误，不能给一个int型变量赋字符型的值。

任务3　获取环境监测数据

任务描述

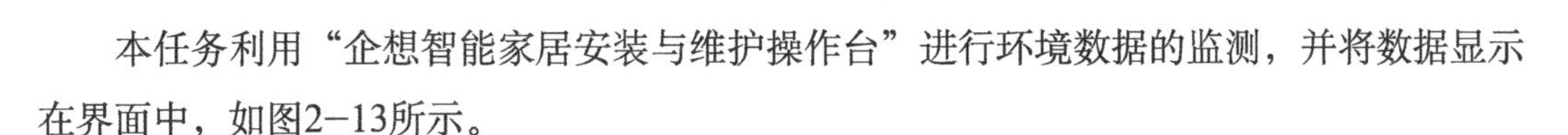

本任务利用“企想智能家居安装与维护操作台”进行环境数据的监测，并将数据显示在界面中，如图2-13所示。

图2-13　环境监测数据的获取

知识准备

Qt中的运算符

1）算数运算符，用于进行数据的运算，主要包括：加法（+）、减法（-）、乘法（*）、除法（/）、取余（%）、自增（++）、自减（--）。

实例：创建一个项目“Test”，在构造方法中进行如下运算，并将结果输出在“应用程序输出”窗口中。

实例1：运算“a+b”的值，代码如下。

```
int a = 1;
int b = 2;
qDebug()<<a+b;
```

输出结果：3。

实例2：运算“a%b”的值，代码如下。

```
int a = 10;
int b = 3;
qDebug()<<a%b;
```

输出结果：1。

实例3：运算“a++”的值，代码如下。

```
int a = 1;
a++;
qDebug()<<a
```

输出结果：2。

实例分析：例1是进行加法运算并将结果输出，由于是在Label中输出，因此其输出的数据类型必须为QString（字符串），而“a+b”运算的结果为int类型，QString::number()方法是将int型变量转换成QString型变量。例2是进行取余运算并将结果输出，用10除以3得出商3余1，因此其运算结果为1。例3为自增运算，“a++”其实是“a=a+1”的简写，a的初始值为1，因此其运算结果为2。

小知识：QString字符串类的使用

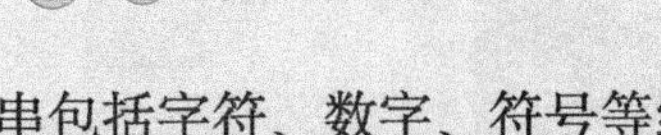

Qt中使用QString类型变量存放一串包括字符、数字、符号等组成的字符，使用双引号对字符串进行标记，如“QString str = “abc_#123”;”。另外，QString类还提供了丰富的字符串操作方法，如字符串连接、转换、查找和替换等。

1．字符串的连接

1）使用“+”号进行字符串与字符串之间的连接。例如：

```
QString str1 = "Hello ";
QString str2 = "World";
qDebug()<<str1+str2;
```

在“应用程序输出”窗口中，输出为“str1”的值连接“str2”的值，即“Hello World”。

2）使用QString的“arg()”方法进行字符串与字符串或非字符串之间的连接。例如：

```
QString name = "Tom";
```

```
int age = 18;
qDebug()<<QString("%1的年龄是%2岁").arg(name).arg(age);
```

其中，“%1”被替换为QString型变量name的值“Tom”，“%2”被替换为int型变量age的值“Tom”。在“应用程序输出”窗口中，输出为“Tom的年龄是18岁”。

2．字符串的转换

1）字符串类型转为其他数据类型。使用QString类的“to数据类型()”方法可以实现字符串类型转换为其他类型。例如：

```
QString str = “15”;
int age = str.toInt();
QString str2 = “23.5”;
double temp = str2.toDouble();
```

其中，“.toInt()”方法是将QString型转换为int型，“.toDouble ()”方法将QString型转换为double型。

2）数值类型转换为字符串类型。使用“QString”类中的“number()”方法可以将数值类型转换为字符串类型。例如：

```
int age = 15;
qDebug()<<QString::number(age);
qDebug()<<QString::number(age,16);
```

两个“qDebug”指令分别是按“age”变量的十进制（默认）和十六进制输出，显示结果为“15”和“F”。

3．字符串的查找和替换

1）字符串的查找。使用“QString”类中的“at()”方法进行通过下标（下标从0开始计数）查找字符的操作，使用“indexOf()”方法进行查找字符串下标的操作。例如：

```
QString str = "我是一名优秀的中专生";
qDebug()<<str.at(3);
qDebug()<<str.indexOf("优秀");
```

两个“qDebug”指令的运行结果分别是“名”和“4”。

2）字符串的替换。使用“QString”类中的“replace()”方法进行字符串的查找操作。例如：

```
QString str = "我是一名优秀的中专生";
qDebug()<<str.replace("优秀的","");
```

将变量str中“优秀的”字符串删除，即替换为空。运行结果为“我是一名中专生”。

2）关系运算符，用于判断数据之间的大小关系，主要包括：大于（>）、小于（<）、大于等于（>=）、小于等于（<=）、等于（==）、不等于（!=）。关系运算的值为

“bool”类型，常在分支语句或循环语句中作为判断条件，在后面的任务中会经常使用。

实例4：输入以下代码，输出c的值。

```
int a = 1;
int b = 1;
bool c = a > b;
qDebug()<<c;
```

实例分析：变量a和b的值都为1，因此判断a>b返回值为假，输出值为“false”。

3）逻辑运算符，进行逻辑运算的数据类型必须为bool型，主要包括：逻辑与（&&），逻辑或（||）和逻辑非（!）。其运算规则见表2-3。

表2-3　逻辑运算符的运算规则

a1	a2	a1&&a2	a1||a2	!a1
true	true	true	true	false
true	false	false	true	false
false	true	false	true	true
false	false	false	false	true

4）条件运算符，条件运算符又称为“三目”运算符，其结构为“bool表达式?表达式1：表达式2”。先计算bool表达式的值，若为true，则取表达式1的值进行赋值；若为false，则取表达式2的值进行赋值。

实例5：输入以下代码，输出c的值。

```
int a = 1;
int b = 2;
int c = a > b ? 1 : 2;
qDebug()<<c;
```

实例分析：变量a的值为1，b的值为2，在条件运算中，bool表达式的值为false，因此将2赋值给c，输出值为2。

5）赋值运算符，用于对变量进行赋值。常用赋值运算符为“=”，另外，还包括拓展运算符：“+=”“-=”“*=”和“/=”。

实例6：输入以下代码，输出a的值。

```
int a = 1;
int b,c;
b = c = 2;
a += c;
qDebug()<<a;
```

实例分析：“a = 1”是为单个变量赋值；当多个变量类型相同时，可以使用一条语句进行变量的声明（如“int b,c”）；当给多个变量赋相同的值时，可以用一条表达式进行赋值（如“b = c = 2”）。“a += c”是“a = a + c”的简写。例6的运算结果为3。

任务实施

1）打开项目“SmartHome”，进入头文件“dialog.h”。

2）在类的外部进行环境监测数据变量的声明，代码如下：

```
extern QString Extern_Temp; //温度
extern QString Extern_Humidity; //湿度
extern QString Illumination ; //光照度
extern QString Smoke; //烟雾
extern volatile unsigned int StateHumanInfrared; //人体红外，1：有人，0：无人
extern volatile unsigned int StateHelpButton; //求助按钮，1：按下，0：未按下
```

3）在类的“private slots”区域（若没有则需手动输入）自定义监测数据的槽方法“void getStr(QByteArray str);”，如图2-14所示。

```
vate slots:
 void getStr(QByteArray str);
```

图2-14 自定义数据接收槽方法

4）打开“dialog.cpp”源文件，在构造方法中进行数据接收信号槽的连接，输入“connect(&DataHandle,SIGNAL(serialFinish(QByteArray)),this,SLOT (getStr(QByteArray)));”。其中，第1个参数是前面声明的command对象，第2个参数是command对象传过来的信号，第3个参数表示传给本界面，第4个参数表示是响应的槽方法。

5）在“dialog.cpp”源文件中自定义槽方法，代码如下：

```
void Dialog::getStr(QByteArray str){
    if((str.length()>=10)&&(str.length()<300)) //过滤错误帧
    {
            DataHandle.receive(str); //将收到的数据传给 command 类的
receive(str)成员函数
    }
}
```

6）在getStr中将获取的环境监测数据由QString型转换为float型，并显示在界面对应的控件中。在槽方法getStr中加入如下代码：

```
float wd = Extern_Temp.toFloat();//温度
float sd = Extern_Humidity.toFloat();//湿度
```

```
float gz = Illumination.toFloat();//光照度
float yw = Smoke.toFloat();//烟雾
ui->lcdTemp->display(wd);
ui->lcdHumidity->display(sd);
ui->lcdIllumination->display(gz);
ui->lcdSmoke->display(yw);
```

7）设置“人体感应”和“求助按钮”的状态，人体感应是当监测到有人时，变量StateHumanInfrared的值为1，否则为0；求助按钮是当有人按下按钮时，变量StateHelpButton的值为1，否则为0。可使用三目运算符实现此功能，在槽方法getStr中加入如下代码：

```
ui->lblHI->setText(StateHumanInfrared==1?"有人":"无人");
ui->lblHB->setText(StateHelpButton==1?"有人按下":"无人按下");
```

8）设计完成，运行效果如图2-13所示。

任务4　获取环境温度最大值与最小值

任务描述

本任务使用程序设计中的单分支结构，完成环境温度的最大值与最小值的获取，如图2-15所示。

图2-15　温度最大值与最小值的获取

知识准备

在程序设计中有3种基本的程序结构，即顺序结构、分支结构和循环结构，其结构图如图2–16所示。其中，分支结构又有单分支结构、双分支结构和多分支结构，本节主要对分支结构中的单分支结构进行学习。

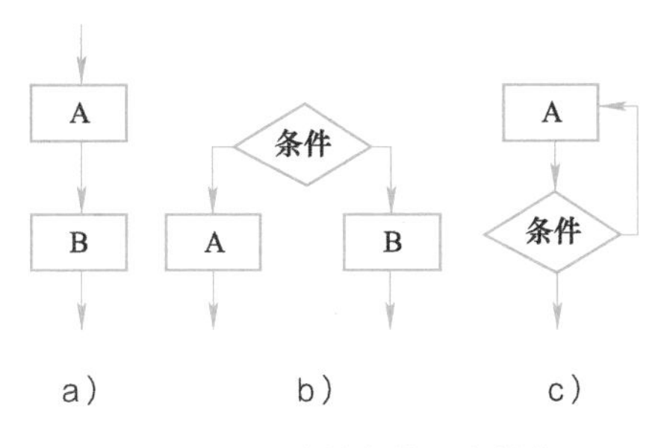

图2–16　3种基本的程序结构

a）顺序结构　b）分支结构　c）循环结构

单分支结构通过“if”语句来实现，其语法如下：

```
if(关系表达式){
    语句块
}
```

当关系表达式为true时，执行语句块，否则不执行。

实例1：创建一个Qt项目，其运行效果如图2–17所示，用户输入3个值，单击“判断”按钮，在Label控件中输出3个数的最大值。

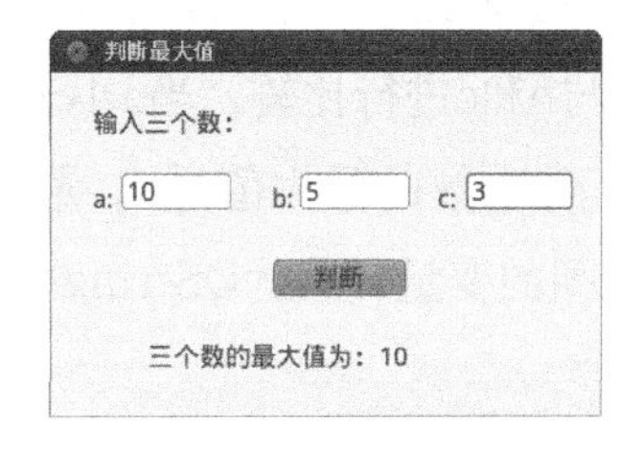

图2–17　项目运行效果

创建一个“Max”项目，操作步骤如下：

1）页面设计。打开“dialog.ui”界面文件进行控件的设计，控件属性见表2–4。

表2–4　控件的属性设置

控件类型	控件名	属性设置
QDialog	Dialog	宽度：400，高度：240，window Title：判断最大值
QLabel	（默认）	text：输入三个数
QLabel	（默认）	text：a
QLineEdit	le_a	
QLabel	（默认）	text：b
QLineEdit	le_b	
QLabel	（默认）	text：c
QLineEdit	le_c	
QPushButton	btnMax	text：判断
QLabel	lblMax	

2）右键单击“btnMax”按钮，在弹出的快捷菜单中选择“转到槽”命令，在槽方法中输入代码如下：

```
void Dialog::on_btnMax_clicked()
{
    int a = ui->le_a->text().toInt();
    int b = ui->le_b->text().toInt();
    int c = ui->le_c->text().toInt();
    if(a < b){
        a = b;
    }
    if(a < c){
        a = c;
    }
    ui->lblMax-> setText(QString("三个数的最大值为：%1").arg(a));
}
```

实例分析：先使用3个变量a、b、c获取3个文本框的值。由于文本框中文本的数据类型为QString，因此需用toInt()的方法转换为int类型。这时假设3个数的最大值为a，将a分别与b和c进行比较，当a小于b时，将b的值赋给a，当a小于c时，将c的值赋给a，这样就保证了3个数的最大值是a。最后在“lblMax”控件中显示3个数的最大值a。还应注意，将int型的变量转换为QString型才能在Label控件中输出。

小知识：程序代码书写规范

无论使用哪种编程工具，都必须要遵循代码编写的一些通用规则。一个好的程序员首先要做到的是规范地书写代码。规范的代码不仅可以方便程序员的阅读，而且提升了后期代码的调试效率。

1．花括号的使用和代码的缩进

花括号一般使用在程序的分支或循环结构中，表示在判断条件为“true”的情况下执行的一段代码，在顺序结构中不建议使用花括号。在花括号内部，要求使用<Tab>键进行代码缩进，以标记语句间的层次关系。例如：

```
if(...){
    for(...){
        ...
    }
}
```

在Qt中可以将需要缩进的行选中，单击鼠标右键，在弹出的快捷菜单中选择“选中的文字自动缩进”命令或使用快捷键<Ctrl+I>将代码进行缩进。

2．空格符的使用

空格符是不参与程序编译的，但合理地使用空格符可以提升代码的美观性和可读性。在以下几种情况中可使用空格符。

1）运算符的两边需要加入空格符，例如：

int a = 10；

int b = 20；

2）逗号后应加入空格符，例如：

int Max(int num1, int num2)；

3．注释的使用

为了使代码易于阅读，在进行代码编写的过程中要对重要的部分进行注释。代码注释不参与程序的编译和运行，有时也会对一些临时不使用或出现错误的代码进行注释，以便将来对程序进行维护。注释符有两种类型，一种是单行注释符“//”，注释在行的结尾或对单独一行进行注释，换行后注释符作用域失效；另一种是语句注释符“/*…*/”，可进行多行注释，注释的内容在“/*”和“*/”之间。两种注释符的使用方法如图2-18和图2-19所示。

```
//求两数的最大值的方法
int Dialog::Max(int a, int b){
    if(a < b){//若a<b,将b值赋给a
        a = b ;
    }
    return a;
}
```

图2-18　单行注释符

```
/*******************************************
  main方法为程序的入口方法
  argc表示argv数组的长度,argv为命令行参数
*******************************************/
int main(int argc, char *argv[])
{
    QApplication a(argc, argv);
    return a.exec();
}
```

图2-19　语句注释符

实例2：创建一个Qt项目，其运行效果如图2-20所示。用户输入3个值，单击“排序”按钮，将3个数按从大到小的顺序放在3个Label控件中。

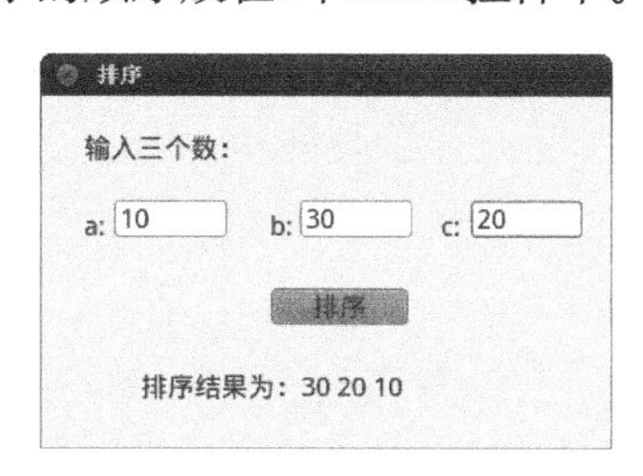

图2-20　项目运行效果

创建一个“Sort”项目，操作步骤如下：

1）页面设计。打开“dialog.ui”界面文件进行控件的设计，控件属性见表2-5。

表2-5 控件的属性设置

控件类型	控件名	属性设置
QDialog	Dialog	宽度：400，高度：240，window Title：排序
QLabel	(默认)	text：输入三个数
QLabel	(默认)	text：a
QLineEdit	le_a	
QLabel	(默认)	text：b
QLineEdit	le_b	
QLabel	(默认)	text：c
QLineEdit	le_c	
QPushButton	btnSort	text：判断
QLabel	lblSort	

2）创建项目，并按图2-20所示进行界面设计。其中,3个文本框的控件名分别为“le_a”“le_b”和“le_c”，按钮的控件名为“btnSort”，3个Label控件名分别为“lbl_a”“lbl_b”和“lbl_c”。

3）右键单击“btnSort”按钮，在弹出的快捷菜单中选择“转到槽”命令，在槽方法中输入如下代码：

```
void Dialog::on_btnSort_clicked()
{
    int a = ui->le_a->text().toInt();
    int b = ui->le_b->text().toInt();
    int c = ui->le_c->text().toInt();
    if(a < b){
        int d = a;
        a = b;
        b = d;
    }
    if(a < c){
        int d = a;
        a = c;
        c = d;
    }
    if(b < c){
        int d = b;
```

```
        b = c;
        c = d;
    }
    ui->lblSort->setText(QString("排序结果为：%1  %2  %3").arg(a).arg(b).
arg(c));}
```

实例分析：先使用3个变量a、b、c获取3个文本框的值。依然需要将Qstring型转为int类型变量。先将a与b和c分别进行比较，当a小于b时，将a与b的值进行互换，当a小于c时，将a与c的值进行互换，这样就把最大值赋给了a，同理将第二大值赋给b，最小值赋给c，最后分别显示在3个Label控件中。

任务实施

1）打开项目“SmartHome”，进入头文件“dialog.h”。

2）在类的“public”区域中声明两个float型变量“wd_Max”（温度最大值）和“wd_Min”（温度最小值），代码如图2-21所示。

```
public:

    explicit Dialog(QWidget *parent = 0);
    ~Dialog();
    command DataHandle;
    float wd_Max,wd_Min;
```

图2-21　定义温度最大值和最小值变量

3）打开“dialog.cpp”源文件，在构造方法中定义“wd_Max”和“wd_Min”的初始值都为0。

4）在槽方法“getStr”中加入如下代码：

```
if(wd_Max == 0 || wd_Max < wd){//当温度最大值为0或当前温度大于最大温度
值时
        wd_Max = wd;
}
if(wd_Min == 0 || wd_Min>wd){ //当温度最小值为0或当前温度小于最小温度值
时
        wd_Min = wd;
}
```

5）设置完成，运行效果如图2-15所示。

任务5　使用图片按钮控制设备

任务描述

本任务实现在界面中使用图片按钮控制设备的功能，包括报警器的控制、LED灯的控制和窗帘的控制。通过单击界面中相应的区域，使用程序设计中的双分支结构实现对设备的控制，同时更新界面中对应设备的状态。控制效果如图2-22所示。

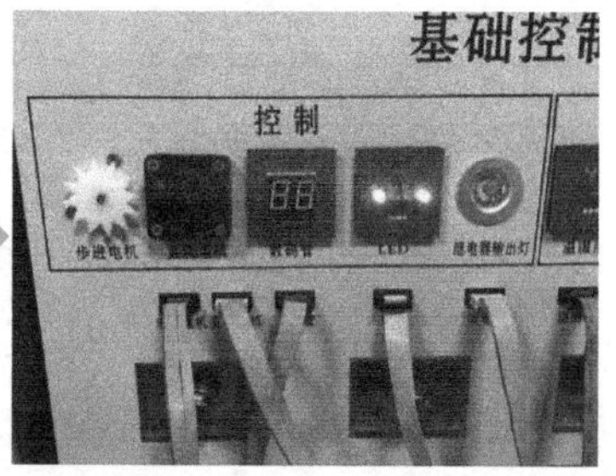

图2-22　图片按钮的设备控制效果

知识准备

双分支结构通过“if-else”语句来实现，其语法如下：

```
if(关系表达式){
    语句块1
}else{
    语句块2
}
```

当关系表达式为true时，运行语句块1，否则执行语句块2。

实例1：创建一个项目，其运行效果如图2-23所示，用户输入一个年份，单击“判断”按钮，在Label控件中显示是否为闰年。

注：闰年的判断条件为年份能被4整除且不能被100整除，或年份能被400整除。

创建一个“Leap”项目，操作步骤如下：

1）页面设计。打开“dialog.ui”界面文件进行控件的设计，控件属性见表2-6。

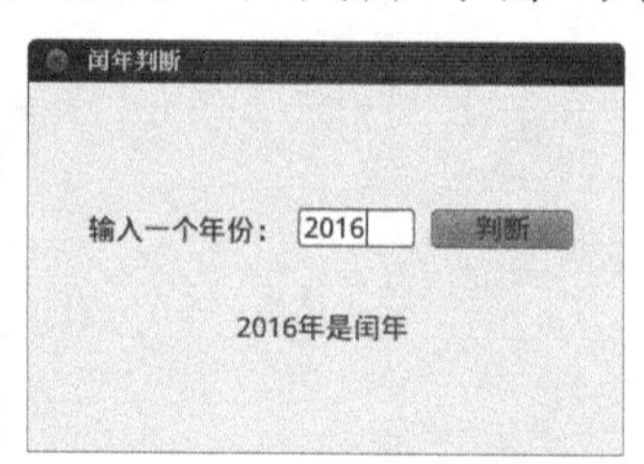

图2-23　项目运行效果

表2-6　控件的属性设置

控件类型	控件名	属性设置
QDialog	Dialog	宽度：400，高度：240，window Title：闰年判断
QLabel	（默认）	text：输入一个年份
QLineEdit	le_Year	
QPushButton	btnPd	text：判断
QLabel	lblShow	

2）右键单击“btnPd”按钮，在弹出的快捷菜单中选择“转到槽”命令，在槽方法中输入如下代码：

```
void Dialog::on_btnPd_clicked()
{
    int year = ui->le_Year->text().toInt();
    if((year % 4 == 0 && year % 100 != 0) || year % 400 == 0){
        ui->lblShow->setText(QString("%1年是闰年").arg(year));
    }else{
        ui->lblShow->setText(QString("%1年不是闰年").arg(year);
    }
}
```

实例分析：使用变量year获取文本框的值。根据闰年判断条件，年份能被4整除的判断方法为“year % 4 == 0”，年份不能被100整除的判断条件为“year % 100 != 0”，两个条件要求同时满足，所以使用逻辑运算符“&&”将两个条件进行关联；而能被400整除的条件与前面条件为逻辑或的关系，因此使用运算符“||”将其关联。若满足条件则输出是闰年，否则输出不是闰年。

实例2：创建一个项目，其运行效果如图2-24所示。用户输入一个成绩，单击“评定”按钮，当成绩大于85时Label控件显示“优秀”，大于70时显示“良好”，大于60时显示“合格”，60以下则显示“不合格”。

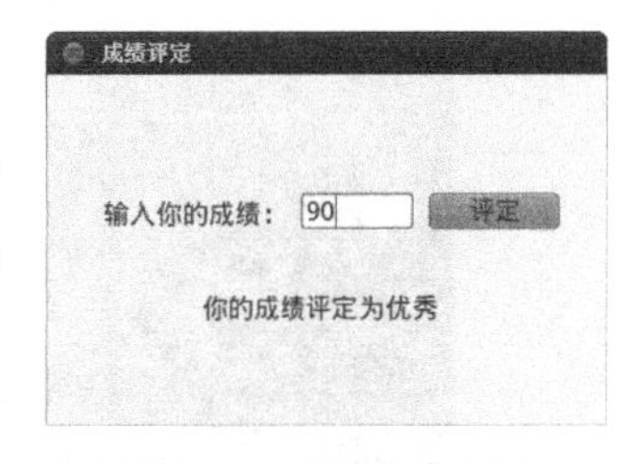

图2-24　项目运行效果

创建一个“Score”项目，操作步骤如下：

1）页面设计。打开“dialog.ui”界面文件进行控件的设计，控件属性见表2-7。

表2-7　控件的属性设置

控件类型	控件名	属性设置
QDialog	Dialog	宽度：400，高度：240，window Title：成绩评定
QLabel	（默认）	text：输入你的成绩
QLineEdit	le_Score	
QPushButton	btnPd	text：评定
QLabel	lblShow	

2）右键单击“btnPd”按钮，在弹出的快捷菜单中选择“转到槽”命令，在槽方法中输入如下代码：

```
int score = ui->le_Score->text().toInt();
if(score>=85){
ui->lblShow->setText("你的成绩评定为优秀");
}else if(score>=70){
    ui->lblShow->setText("你的成绩评定为良好");
}else if(score>=60){
    ui->lblShow->setText("你的成绩评定为合格");
}else{
    ui->lblShow->setText("你的成绩评定为不合格");
}
```

实例分析：使用变量score获取文本框的值。根据成绩评定条件，成绩大于85时显示为优秀，否则大于70时显示良好，这里隐藏成绩小于85的条件，采用的是“else if”这种嵌套的方式来实现。同理，对于成绩大于60的显示为合格，小于60的显示为不合格。

任务实施

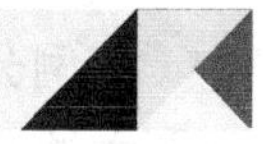

1）打开项目“SmartHome”，进入界面文件“dialog.ui”。设置4个LED灯、窗帘、报警灯的初始状态为关闭，如图2-25所示。

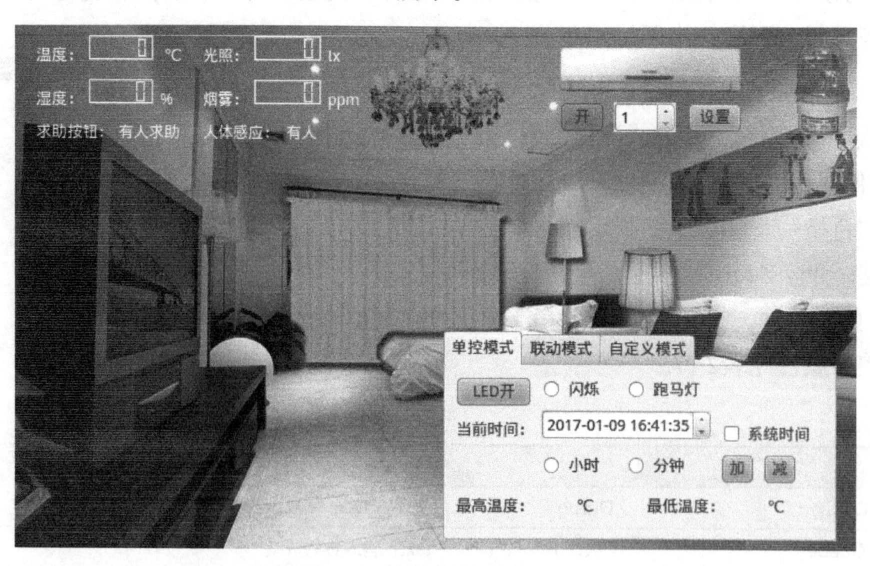

图2-25　设备初始状态设置

2）打开“dialog.cpp”源文件，首先声明设备的状态变量用来表示设备的状态。其中4个LED灯为state_LED1～state_LED4、窗帘为state_StepMotor、报警灯为state_

Buzz。由于初始状态都为关闭，因此设置它们的初始值都为0，另外用变量“led”控制4盏灯的开关。由于是全局变量，因此将其定义在构造方法的上方，代码如下：

```
int state_LED1 = 0, state_LED2 = 0 , state_LED3 = 0, state_LED4 = 0,
state_ StepMotor=0, state_Buzz =0;
int led = 0;
```

3）右键单击“btnLED1”按钮，在弹出的快捷菜单中选择“转到槽”命令。在“clicked()”槽方法中输入如下代码：

```
void Dialog::on_btnLED1_clicked()
{
    if(ui->tbMode->currentIndex()==0){//当前模式为单控模式时
        if(state_LED1 == 0){
    DataHandle.SerialWriteData(configboardnumberLED,TTL_IO,
CommandNormal,led |= 0x08);//控制LED1灯开
    ui->btnLED1->setStyleSheet("border-image: url(:/images/1Led1.png);");//
控制界面LED1灯亮
    state_LED1 = 1;//设置LED1灯状态为开
    }else{
    DataHandle.SerialWriteData(configboardnumberLED,TTL_
IO,CommandNormal,led &= 0x07);//控制LED1灯关
      ui->btnLED1->setStyleSheet("border-image: url();");//控制界面LED1灯灭
      state_LED1 = 0;//设置LED1灯状态为关
    }
    }
    }
```

4）使用相同的方法，完成“btnLED2”“btnLED3”“btnLED4”“btnStepMotor”和“btnBuzz”控件的设置，代码如下：

```
void Dialog::on_btnLED2_clicked()
{
    if(ui->tbMode->currentIndex()==0){
        if(state_LED2 == 0){
            DataHandle.SerialWriteData(configboardnumberLED,TTL_
IO,CommandNormal,led |= 0x04);
             ui->btnLED2->setStyleSheet("border-image: url(:/images/1Led2.
png);");
```

```
                state_LED2 = 1;
            }else{
                DataHandle.SerialWriteData(configboardnumberLED,TTL_
IO,CommandNormal,led &= 0x0B);
                ui->btnLED2->setStyleSheet("border-image: url();");
                state_LED2 = 0;
            }
        }
    }

    void Dialog::on_btnLED3_clicked()
    {
        if(ui->tbMode->currentIndex()==0){
            if(state_LED3 == 0){
                DataHandle.SerialWriteData(configboardnumberLED,TTL_
IO,CommandNormal,led |= 0x02);
            ui->btnLED3->setStyleSheet("border-image: url(:/images/1Led3.
png);");
                state_LED3 = 1;
            }else{
                DataHandle.SerialWriteData(configboardnumberLED,TTL_
IO,CommandNormal,led &= 0x0D);
                ui->btnLED3->setStyleSheet("border-image: url();");
                state_LED3 = 0;
            }
        }
    }

    void Dialog::on_btnLED4_clicked()
    {
        if(ui->tbMode->currentIndex()==0){
            if(state_LED4 == 0){
                DataHandle.SerialWriteData(configboardnumberLED,TTL_
IO,CommandNormal,led |= 0x01);
```

```
                ui->btnLED4->setStyleSheet("border-image: url(:/images/1Led4.
png);");
                state_LED4 = 1;
            }else{
                DataHandle.SerialWriteData(configboardnumberLED,TTL_
IO,CommandNormal,led &= 0x0E);
                ui->btnLED4->setStyleSheet("border-image: url();");
                state_LED4 = 0;
            }
        }
    }

    void Dialog::on_btnStepMotor_clicked()
    {
        if(ui->tbMode->currentIndex()==0){
            if(state_StepMotor == 0){
                DataHandle.SerialWriteData(configboardnumberStepMotor,StepMot
or,CommandStepMotor,600);
                ui->btnStepMotor->setStyleSheet("border-image: url();");
                state_StepMotor = 1;
            }else{
                DataHandle.SerialWriteData(configboardnumberStepMotor,StepMot
or,CommandStepMotor,-600);
                ui->btnStepMotor->setStyleSheet("border-image: url(:/
images/1Curtain.png);");
                state_StepMotor = 0;
            }
        }
    }

    void Dialog::on_btnBuzz_clicked()
    {
        if(ui->tbMode->currentIndex()==0){
            if(state_Buzz == 0){
```

```
            DataHandle.SerialWriteData(configboardnumberBuzz,Buzz,Comman
dNormal,0x01);
        ui->btnBuzz->setStyleSheet("border-image: url(:/images/red.png);");
            state_Buzz = 1;
        }else{
            DataHandle.SerialWriteData(configboardnumberBuzz,Buzz,Comman
dNormal,0x00);
            ui->btnBuzz->setStyleSheet("border-image: url(:/images/green.
png);");
            state_Buzz = 0;
        }
    }
}
```

5）设计完成，项目运行效果如图2-22所示。

注意：

在本任务中使用command 类的SerialWriteData()方法进行设备控制，如“DataHandle.SerialWriteData(configboardnumberStepMotor,StepMotor,CommandStepMotor,600);”，该命令就是发送控制步进电机的命令，其中第1个参数是步进电机的板号，这在任务2中已完成设置；第2个参数是传感器类型，传感器类型对照表见表2-8；第3个参数为传感器命令类型，步进电机是“CommandStepMotor”，其他设备为普通类型，即“CommandNormal”；第4个参数是控制步进电机的旋转角度为600°（正数是顺时针转，负数是逆时针转）。

表2-8 传感器类型对照

名　称	传感器类型	值
RelaySingle	单路继电器（射灯）	0x20
DigitalTube	数码管（空调）	0x48
DCMotor	直流电机（风扇）	0x80
StepMotor	步进电机（窗帘）	0x88
TTL_IO	TTL_IO（LED灯）	0x90
Buzz	蜂鸣器	0xF8

此外，在本任务中使用int（32位）型变量“led”的后4位控制4个LED灯的开关。若led的值为0x0F（二进制数为1111），则表示4个LED灯全亮，若led的值为0x0C（二

进制数为1100），则表示LED1和LED2亮。因此，在控制LED灯亮时，为了各灯之间互不影响，使用位运算符“|”对变量led进行设置，如设置灯1亮，则应设置“led |= 0x08”，只是让对应LED1的第4位变为1，其他位保持不变。在控制LED灯灭时，使用位运算符“&”对变量led进行设置，如设置灯1灭，则应设置“led &= 0x07”，只是让对应LED1的第4位变为0，其他位保持不变。

任务6 实现联动模式功能

任务描述

本任务进行联动模式下的功能实现，运行效果如图2–26所示。

图2–26 联动模式功能的实现

根据用户设置的时间，进入不同的模式，具体要求如下。

1）日间模式：当时间介于6:05～18:05时，进入日间模式。执行关闭房间灯光，开启房间窗帘，数码管实时显示室内湿度，完成真实器件动作的同时更新相应功能模块在界面对应区域中的状态。当光照值高于280时，窗帘关闭，否则窗帘开启。

2）夜间模式：当时间介于18:06～00:10时，进入夜间模式。执行开启房间灯光、闭合窗帘，数码管实时显示室内温度，完成真实器件动作的同时更新相应功能模块在界面对应区域中的状态。当湿度值大于65时，打开风扇，否则关闭风扇。

3）安防模式：当时间介于0:11～06:04时，进入安防模式。执行关闭房间灯，闭合窗帘，开启人体红外检测，当人体红外检测到有人时，开启蜂鸣器报警、开启射灯模块；否则关闭蜂鸣器报警、关闭射灯模块，完成真实器件动作的同时更新相应功能模块在界面对应区域中的状态。当温度值大于28、光照值大于230且湿度值大于50时，开启房间窗帘并将空调温度设置为23℃，否则关闭窗帘，空调温度设置为25℃。

知识准备

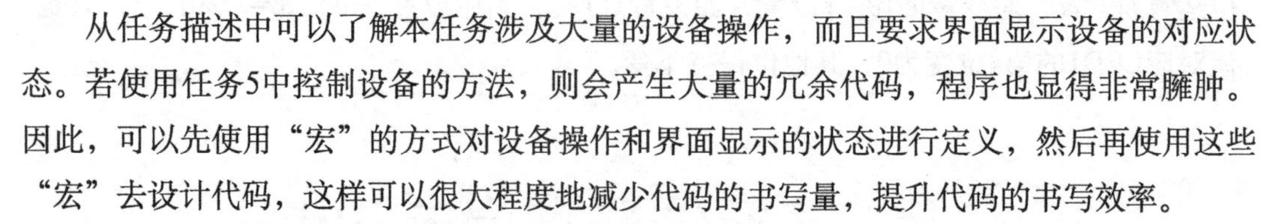

从任务描述中可以了解本任务涉及大量的设备操作，而且要求界面显示设备的对应状态。若使用任务5中控制设备的方法，则会产生大量的冗余代码，程序也显得非常臃肿。因此，可以先使用“宏”的方式对设备操作和界面显示的状态进行定义，然后再使用这些“宏”去设计代码，这样可以很大程度地减少代码的书写量，提升代码的书写效率。

宏定义又称为宏代换或宏替换，简称“宏”。其语法为“#define 标识符 字符串”，其中的标识符就是所谓的符号常量，也称为“宏名”。预处理（预编译）工作也叫作宏展开，是将宏名替换为字符串。这里的字符串可以是一条命令或语句。简言之就是使用前面的标识符代替后面的语句。例如，语句“#define PI 3.1415926”，则程序中出现的PI全部换成3.141 592 6。

在宏的使用中，应注意以下几点：

1）宏名一般用英文大写。

2）使用宏可提高程序的通用性和易读性，减少不一致性，减少输入错误且便于修改。例如，数组大小常用宏定义。

3）预处理是在编译之前的处理，而编译工作的任务之一就是语法检查，预处理不进行语法检查。

4）宏定义末尾不加分号。

5）宏定义写在函数的花括号外边，作用域为其后的程序，通常在文件的最开头。

6）可以用#undef命令终止宏定义的作用域。

7）宏定义可以嵌套。

8）字符串" "中永远不包含宏。

9）宏定义不分配内存，变量定义分配内存。

任务实施

1）打开项目“SmartHome”，进入源文件“dialog.cpp”。

2）声明设置空调温度的全局变量“int ktwd = 0;”。

3）在“#include”的下面进行设备控制的宏定义，代码如下：

```
#define FSK DataHandle.SerialWriteData(3,DCMotor,0,1);//风扇开
#define FSG DataHandle.SerialWriteData(3,DCMotor,0,0);//风扇关
#define SDK DataHandle.SerialWriteData(2,RelaySingle,0,1);//射灯开
#define SDG DataHandle.SerialWriteData(2,RelaySingle,0,0);//射灯关
```

```
#define FMK DataHandle.SerialWriteData(1,Buzz,0,1);state_Buzz=1;
ui->btnBuzz->setStyleSheet("border-image: url(:/images/red.png);");//蜂鸣器开
#define FMG DataHandle.SerialWriteData(1,Buzz,0,0);state_Buzz=0;\
ui->btnBuzz->setStyleSheet("border-image: url(:/images/green.png);");//蜂鸣器关
#define CLK DataHandle.SerialWriteData(3,StepMotor,3,600);state_StepMotor = 1;\
ui->btnStepMotor->setStyleSheet("");//窗帘开
#define CLG DataHandle.SerialWriteData(3,StepMotor,3,-600);state_StepMotor = 0;\
ui->btnStepMotor->setStyleSheet("border-image: url(:/images/1Curtain.png);");//窗帘关
#define KTK DataHandle.SerialWriteData(2,DigitalTube,0,ktwd);
#define LED1K DataHandle.SerialWriteData(1,TTL_IO,0,led |= 0x08);state_LED1 = 1;\
    ui->btnLED1->setStyleSheet("border-image: url(:/images/1Led1.png);");//LED1开
#define LED1G DataHandle.SerialWriteData(1,TTL_IO,0,led &= 0x07);state_LED1 = 0;\
   ui->btnLED1->setStyleSheet("border-image: url();");//LED1关
#define LED2K DataHandle.SerialWriteData(1,TTL_IO,0,led |= 0x04);state_LED2 = 1;\
ui->btnLED2->setStyleSheet("border-image: url(:/images/1Led2.png);");//LED2开
#define LED2G DataHandle.SerialWriteData(1,TTL_IO,0,led &= 0x0B);state_LED2 = 0;\
ui->btnLED2->setStyleSheet("border-image: url();");//LED2关
#define LED3K DataHandle.SerialWriteData(1,TTL_IO,0,led |= 0x02);state_LED3 = 1;\
ui->btnLED3->setStyleSheet("border-image: url(:/images/1Led3.png);");//LED3开
#define LED3G DataHandle.SerialWriteData(1,TTL_IO,0,led &= 0x0D);state_LED3 = 0;\
```

```
    ui->btnLED3->setStyleSheet("border-image: url();");//LED3关
    #define LED4K DataHandle.SerialWriteData(1,TTL_IO,0,led |= 0x01);state_
LED4 = 1;\
    ui->btnLED4->setStyleSheet("border-image: url(:/images/1Led4.png);");//
LED4开
    #define LED4G DataHandle.SerialWriteData(1,TTL_IO,0,led &= 0x0E);state_
LED4 = 0;\
    ui->btnLED4->setStyleSheet("border-image: url();");//LED4关
    #define LEDK DataHandle.SerialWriteData(1,TTL_IO,0,led = 0x0F);\
    state_LED1 = 1;state_LED2 = 1;state_LED3 = 1;state_LED4 = 1;\
    ui->btnLED1->setStyleSheet("border-image: url(:/images/1Led1.png);");\
    ui->btnLED2->setStyleSheet("border-image: url(:/images/1Led2.png);");\
    ui->btnLED3->setStyleSheet("border-image: url(:/images/1Led3.png);");\
    ui->btnLED4->setStyleSheet("border-image: url(:/images/1Led4.png);");//
LED全开
    #define LEDG DataHandle.SerialWriteData(1,TTL_IO,0,led = 0x00);\
    state_LED1 = 0;state_LED2 = 0;state_LED3 = 0;state_LED4 = 0;\
    ui->btnLED1->setStyleSheet("border-image: url();");\
    ui->btnLED2->setStyleSheet("border-image: url();");\
    ui->btnLED3->setStyleSheet("border-image: url();");\
    ui->btnLED4->setStyleSheet("border-image: url();");//LED全关
```

注意：

若宏定义中的表达式过长，则可用“\”号作为换行标记。

4）根据“lblMode”中显示的模式（功能之前已实现），在“getStr()”方法中进行设备控制，代码如下：

```
if(ui->tbMode->currentIndex()==1){//联动模式
            if(ui->lblMode->text()=="日间模式"){
                LEDG;
                ktwd = sd;
                KTK;
                if(gz>280){
                    if(state_StepMotor==1){
                        CLG;
```

```
            }
        }else{
            if(state_StepMotor==0){
                CLK;
            }
        }
    }
    if(ui->lblMode->text()=="夜间模式"){
        LEDK;
        if(state_StepMotor==1){
            CLG;
        }
        ktwd = wd;
        KTK;
        if(sd>65){
            FSK;
        }else{
            FSG;
        }
    }
    if(ui->lblMode->text()=="安防模式"){
        LEDG;
        if(state_StepMotor==1){
            CLG;
        }
        if(StateHumanInfrared==1){
            FMK;
            SDK;
        }else{
            FMG;
            SDG;
        }
        if(wd>28 && gz>230){
            if(state_StepMotor==0){
```

```
                    CLK;
                }
                ktwd = 23;
                KTK;
            }else{
                if(state_StepMotor==1){
                    CLG;
                }
                ktwd = 25;
                KTK;
            }
        }
}
```

5）将定义好的宏应用于任务5对控件的设置中，以简化程序，代码如下：

```
void Dialog::on_btnLED1_clicked()
{
    if(ui->tbMode->currentIndex()==0){
        if(state_LED1 == 0){
            LED1K;
        }else{
            LED1G;
        }
    }
}
void Dialog::on_btnLED2_clicked()
{
    if(ui->tbMode->currentIndex()==0){
        if(state_LED2 == 0){
            LED2K;
        }else{
            LED2G;
        }
    }
}
```

```
void Dialog::on_btnLED3_clicked()
{
    if(ui->tbMode->currentIndex()==0){
        if(state_LED3 == 0){
            LED3K;
        }else{
            LED3G;
        }
    }
}
void Dialog::on_btnLED4_clicked()
{
    if(ui->tbMode->currentIndex()==0){
        if(state_LED4 == 0){
            LED4K;
        }else{
            LED4G;
        }
    }
}
void Dialog::on_btnStepMotor_clicked()
{
    if(ui->tbMode->currentIndex()==0){
        if(state_StepMotor == 0){
            CLK;
        }else{
            CLG;
        }
    }
}
void Dialog::on_btnBuzz_clicked()
{
    if(ui->tbMode->currentIndex()==0){
        if(state_Buzz == 0){
```

```
            FMK;
        }else{
            FMG;
        }
    }
}
```

6）设计完成，项目运行效果如图2-26所示。

任务7　实现自定义模式功能

任务描述

本任务实现自定义模式的功能，如图2-27所示。根据用户设置的条件，当满足条件时，分别勾选需要开启的电器，单击“自定义模式启动”按钮后，更新相应功能模块在界面对应区域中的状态，“自定义模式启动”按钮切换为“自定义模式关闭”。单击“自定义模式关闭”按钮，停止自定义模式的条件触发，“自定义模式关闭”按钮切换为“自定义模式启动”。

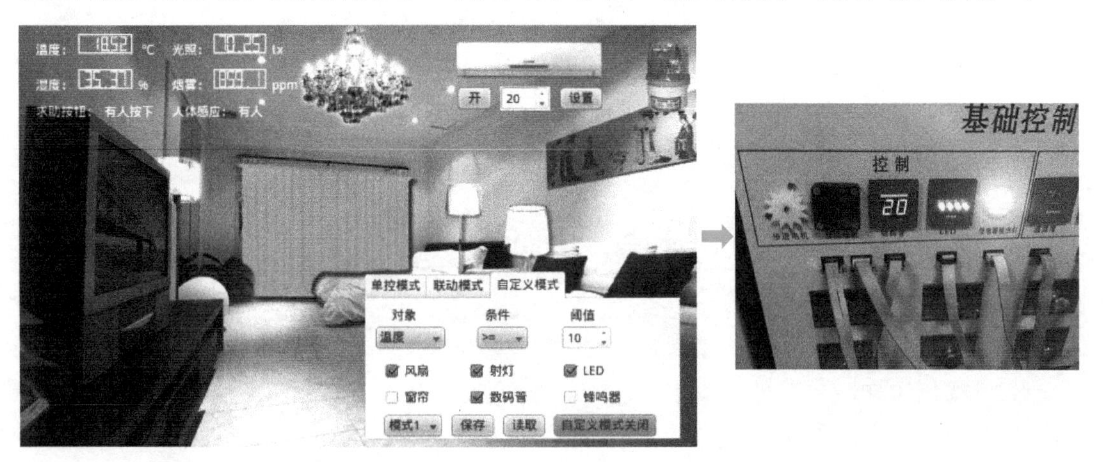

图2-27　自定义模式功能的实现

知识准备

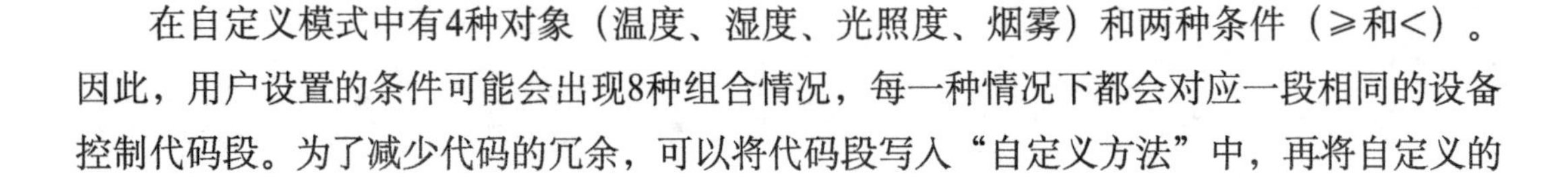

在自定义模式中有4种对象（温度、湿度、光照度、烟雾）和两种条件（≥和<）。因此，用户设置的条件可能会出现8种组合情况，每一种情况下都会对应一段相同的设备控制代码段。为了减少代码的冗余，可以将代码段写入“自定义方法”中，再将自定义的

方法加入这8种情况中。

1．方法的概念？

方法也称为函数，用于封装一段特定的逻辑功能。方法的主要要素有方法名、参数列表和返回值。

2．声明方法的语法

```
修饰词（可省略） 返回值类型 方法名（参数列表）{
        方法体
}
```

其中，返回值类型是方法调用结束后返回的数据类型。方法在声明时必须指定返回值的类型。若方法没有返回值，则需将返回值类型设置为void。通过return语句返回，return语句的作用为结束方法且将数据返回，return后面的代码将不予执行，因此，在写方法的过程中的最后一行代码永远是return指令。方法的参数是在方法调用时被传递，是需要被方法处理的数据。在方法定义时，需要声明该方法所需要的参数变量。在方法调用时，会将实际的参数值传递给方法的参数变量，必须保证传递的参数类型和个数符合方法的声明。

实例1：创建一个Qt项目，自定义一个比较两个整数最大值的方法，并在构造方法中调用这个方法，最后用“qDebug”打印结果。操作步骤如下：

1）创建一个项目，并在项目头文件“dialog.h”中的“public”区域内声明一个求两个整数最大值的方法，代码如下：

```
int Max(int a,int b);
```

2）打开项目源文件“dialog.cpp”，引入“QDebug”库，代码如下：

```
#include "QDebug"
```

3）自定义“Max()”方法，代码如下：

```
int Dialog::Max(int a, int b){
    if(a<b){
        a = b;
    }
    return a;
}
```

4）在构造方法中调用此方法，并将结果使用“qDebug”打印，代码如下：

```
int max = Max(5,10);
qDebug()<< max;
```

5）在“应用程序输出”窗口中显示结果为“10”。

实例分析：自定义方法需在项目头文件的“public”区域内进行声明才可以使用。该方法的作用是返回两个数的最大值，则其返回值的数据类型为“int”型；参数为两个“int”型的变量，这里使用变量a和变量b进行定义。方法声明后，在源文件中写这个方法，假设最大值为a，当a<b时，将b的值赋给a。最后返回最大值a，这里返回值a的数据类型“int”与方法返回值“int”是相匹配的。在构造方法中调用此方法，传给方法两个参数，分别是5和10，5传给方法的变量a，10传给方法的变量b，比较完成后，将值较大的10返回并赋值给变量max，最后利用“应用程序输出”窗口将max的值打印出来。

实例2：创建一个Qt项目，自定义一个方法计算费氏数列第n项的值，费氏数列的第1项和第2项均为1，从第3项开始，每一项都等于前两项之和。例如，1、1、2、3、5、8、13、21、34…操作步骤如下：

1）创建一个项目，并在项目头文件“dialog.h”中的“public”区域内声明一个求费氏数列的方法，代码如下：

```
int Fab(int n);
```

2）打开项目源文件“dialog.cpp”，自定义“Fab()”方法，代码如下：

```
int Dialog::Fab(int n){
    if(n==1||n==2){
        return 1;
    }
    return Fab(n-1) + Fab(n-2);
}
```

3）在构造方法中调用此方法，并将结果使用“qDebug”打印，代码如下：

```
int fab = Fab(8);
qDebug()<<fab;
```

4）在“应用程序输出”窗口中显示结果为“21”。

实例分析：自定义计算费氏数列第n项的值的方法，其方法返回值为“int”型，将“int”型变量n作为传递的参数，表示要运算的为第n项。在自定义方法中，若n的值为1或2，则直接返回值1，当n的值大于2时，进行方法的递归调用，即“Fab(n−1)+Fab(n−2)”，直至n−1和n−2的值为1或2时返回值1。

3. 方法的重载

使用某个定义好的方法前，要先查看该方法的返回值类型和参数类型，将鼠标光标指向该方法，系统将自动提示，如图2−28所示。使用时务必将返回值和参数进行对应数据类型的赋值，否则程序在编译时将会报错。

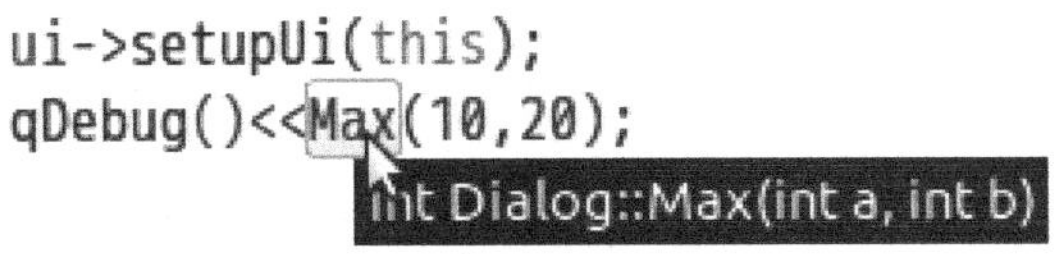

```
ui->setupUi(this);
qDebug()<<Max(10,20);
```

int Dialog::Max(int a, int b)

图2-28　方法的提示

查看方法时，有时会发现该方法名下对应多个方法，如图2-29所示，“display()”方法名下对应3个同名方法。这些方法具有相同的方法名，但参数类型、参数个数或返回值类型不同，将这种类型的方法称为重载方法。在重载方法使用时，只需对应其中的某一种方法的返回值和参数即可。

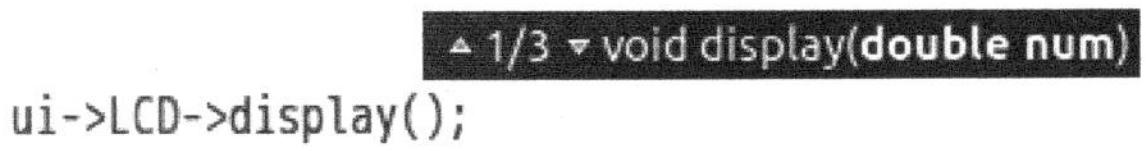

▲ 1/3 ▼ void display(**double num**)

```
ui->LCD->display();
```

图2-29　方法的重载

基于重载方法的特点，在写方法的时候，也可以使用同名方法，但参数或返回值类型一定要有所区别。例如，本任务中定义了一个比较两个整数最大值的方法“Max()”，也可以定义一个比较3个整数最大值的方法，代码如下：

```
int Dialog::Max(int a, int b, int c){
    if(a < b){
        a = b ;
    }
    if(a < c){
        a = c;
    }
    return a;
}
```

同时也可以定义一个比较两个浮点数最大值的方法，代码如下：

```
double Dialog::Max(double a, double b){
    if(a < b){
        a = b ;
    }
    return a;
}
```

此时，再调用“Max()”方法的时候，系统就会提示有3种同名方法，如图2-30所示。

▲ 1/3 ▼ double Max(**double a**, double b)

```
Max()
```

图2-30　“Max()”方法的重载

任务实施

1）打开项目“SmartHome”，进入界面文件“dialog.ui”。

2）右键单击“btnZdy”，在弹出的快捷菜单中选择“转到槽”命令，在槽方法中输入如下代码：

```
void Dialog::on_btnZdy_clicked()
{
    if(ui->btnZdy->text()=="自定义模式开启"){
        ui->btnZdy->setText("自定义模式关闭");
    }else{
        csh();
        ui->btnZdy->setText("自定义模式开启");
    }
}
```

3）打开“dialog.h”头文件，在“public”区域内声明自定义设备方法和初始化设备方法，代码如下：

```
void zdy();//自定义设备方法
void csh();//初始化设备方法
```

4）在源文件“dialog.cpp”中对两个方法进行设计，代码如下：

```
void Dialog::zdy(){
    if(ui->cbFs->isChecked()) {FSK;} else {FSG;}
    if(ui->cbSd->isChecked()) {SDK;} else {SDG;}
    if(ui->cbLED->isChecked()) {LEDK;} else {LEDG;}
    if(ui->cbFmq->isChecked()) {FMK;} else {FMG;}
    if(ui->cbCl->isChecked()) {
        if(state_StepMotor==0){
            CLK;
        }
    } else {
        if(state_StepMotor==1){
            CLG;
        }
    }
    if(ui->cbSmg->isChecked()) {
```

```
        ktwd = ui->spAirj->value();
        KTK;
    }else {
        ktwd = 0;
        KTK;
    }
}
void Dialog::csh(){
    FSG;SDG;LEDG;FMG;
    ktwd=0;KTK;
    if(state_StepMotor==1){
        CLG;
    }
}
```

5）在“getStr()”方法中对自定义模式的触发条件进行设置，并在条件满足时调用自定义方法，条件不满足时调用初始化方法，代码如下：

```
if(ui->tbMode->currentIndex()==2&&ui->btnZdy->text()=="自定义模式关闭
"){
            if(ui->cbDx->currentIndex()==0 && ui->cbTj->currentIndex()==0)
{
                if(wd>=ui->spYz->value()){
                    zdy();
                }else{
                    csh();
                }
            }
            if(ui->cbDx->currentIndex()==0 && ui->cbTj->currentIndex()==1){
                if(wd<ui->spYz->value()){
                    zdy();
                }else{
                    csh();
                }
            }
            if(ui->cbDx->currentIndex()==1 && ui->cbTj->currentIndex()==0){
```

```
        if(sd>=ui->spYz->value()){
            zdy();
        }else{
            csh();
        }
    }
    if(ui->cbDx->currentIndex()==1 && ui->cbTj->currentIndex()==1){
        if(sd<ui->spYz->value()){
            zdy();
        }else{
            csh();
        }
    }
    if(ui->cbDx->currentIndex()==2 && ui->cbTj->currentIndex()==0){
        if(gz>=ui->spYz->value()){
            zdy();
        }else{
            csh();
        }
    }
    if(ui->cbDx->currentIndex()==2 && ui->cbTj->currentIndex()==1){
        if(gz<ui->spYz->value()){
            zdy();
        }else{
            csh();
        }
    }
    if(ui->cbDx->currentIndex()==3 && ui->cbTj->currentIndex()==0){
        if(yw>=ui->spYz->value()){
            zdy();
        }else{
            csh();
        }
    }
```

```
        if(ui->cbDx->currentIndex()==3 && ui->cbTj->currentIndex()==1){
            if(yw<ui->spYz->value()){
                zdy();
            }else{
                csh();
            }
        }
}
```

6）设计完成，项目运行效果如图2-27所示。

项 目 总 结

在本项目中学习到了以下内容：

1）库文件的引入方法为在项目文件中使用“LIBS += 库文件路径/库文件名”。文件的引入方法为在头文件或源文件中使用“#include <文件名/类名>”或“#include “文件名/类名””。

2）Qt中常用的变量类型有：int、float、double、char、bool。常用的运算符有：算数运算符、关系运算符、逻辑运算符、条件运算符和逻辑运算符。

3）QString字符串类的使用方法。使用QString类中定义的方法进行字符串连接、转换、查找和替换的操作。

4）在程序设计中有3种基本的程序结构，即顺序结构、分支结构和循环结构。本项目主要学习了分支结构中的单分支“if”语句和双分支“if…else”语句，在代码设计过程中应注意书写规范。

5）宏定义可以很大程度地减少代码的书写量，提升代码的书写效率。Qt中宏定义的语法为“#define 标识符字符串”。

6）方法也称为函数，用于封装一段特定的逻辑功能。在Qt的头文件中声明方法，其语法为“修饰词（可省略）返回值类型 方法名（参数列表）”。在源文件中写方法和调用方法，写方法时要在方法名前加入“类名::”，调用方法时应注意返回值类型和参数类型要与声明的方法保持一致。

项目3 PROJECT 3

实现智能家居软件系统的高级功能

项目概述

本项目实现智能家居软件系统的高级功能，主要包括窗口切换功能、用户管理功能、时钟显示功能，并将软件系统进行6410网关的嵌入式移植。通过这些任务的完成，进一步掌握Qt中的语法和系统常用类的用法。

项目目标

1）了解类和对象的概念，掌握Qt中类和对象的创建及使用方法。

2）掌握Qt中的多分支结构和3种循环结构的使用方法。

3）了解数据库的相关概念，掌握使用Qt操作SQLite数据库的常用方法。

4）了解数组的概念，掌握Qt中对一维数组的定义和使用方法。

5）了解线程的概念，掌握Qt中计时器类的使用方法。

6）掌握Qt中字符串类、文件操作类、时间日期类的使用方法。

7）了解嵌入式操作系统的定义，掌握对Linux文件和目录操作的方法，掌握6410嵌入式网关移植的方法。

任务1 实现窗口切换功能

任务描述

本任务是对多窗口实现切换的功能。如图3-1所示，单击左图窗口中的“En”按钮，将页面切换至右图窗口，同时将原窗口关闭。

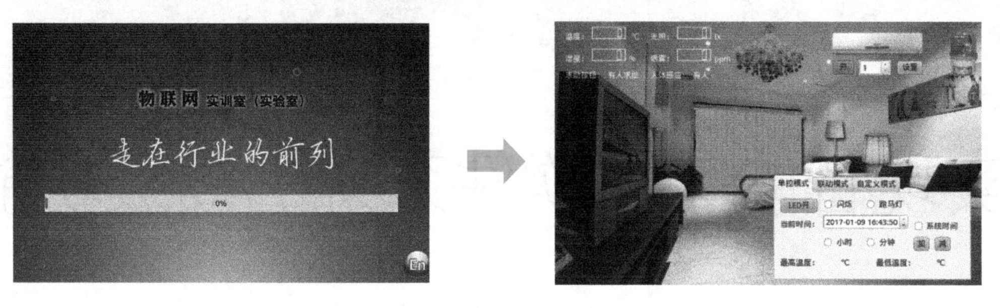

图3-1 窗口的切换

知识准备

在Qt的Gui项目中，每一个窗口都对应着头文件、源文件和界面文件。这3个文件就构成了Qt中的一个类，要对窗口进行任何操作，必须先将这个类实例化成对象，再对对象进行操作。类和对象就是面向对象程序设计（Object Oriented Programming，OOP）的基础。

1. Qt中的类

类是一个抽象的概念，简单地说，类就是种类、分类的意思。例如，狗、猫等，是对一类事物的统称，并不是指某个具体的事物。在Qt中创建类的步骤如下：

1）右键单击项目，在弹出的快捷菜单中选择“添加新文件”命令。

2）可以选择创建“C++类”（不带图形界面）或“Qt设计师界面类”（带图形界面）。

3）对类名和基类进行设置，注意类名首字母要大写。设置完成会自动生成以类名为文件名的头文件和源文件。在头文件中有对类的声明，格式为“class 类名”。创建好类后意味着此类以后可以作为一种新的数据类型定义变量（需先引入该类）。

实例1：创建一个项目，在项目中定义一个学生类（Student）。操作步骤如下：

1）创建一个项目“Test”。

2）右键单击项目，在弹出的快捷菜单中选择“添加新文件”命令。

3）在“新建文件”对话框中选择“C++”→“C++类”，单击“选择”按钮进入下一步操作，如图3-2所示。

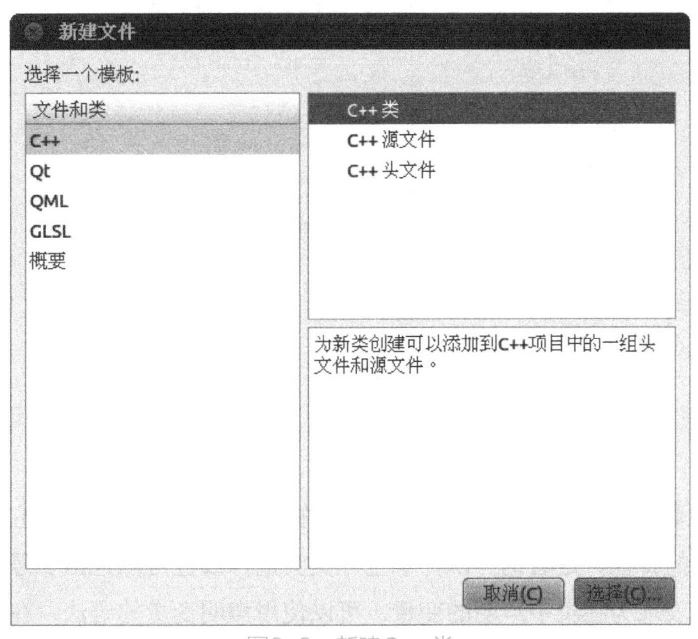

图3-2 新建C++类

4）在“C++类向导”对话框中输入类名“Student”，基类为空，头文件名和源文件名会自动生成，单击“下一步”按钮进入下一步操作，如图3-3所示。

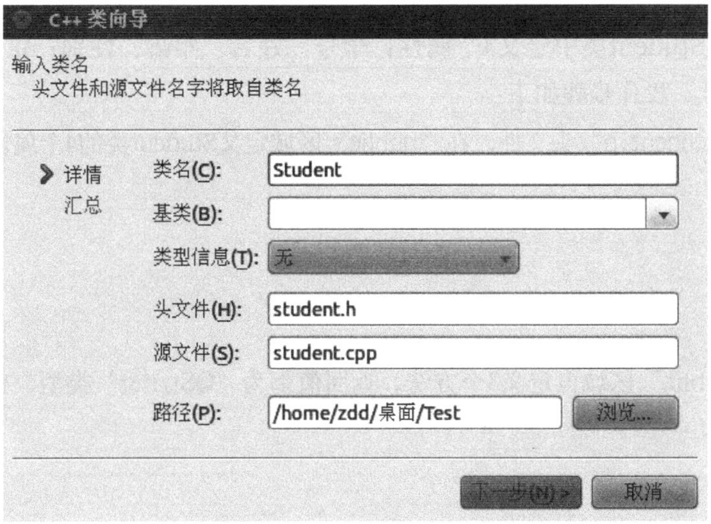

图3-3 C++类向导的设置

5）在“项目管理”对话框中直接单击“完成”按钮，完成类的创建。在“student.h”头文件中会自动对“Student”类进行定义，并生成一个无参的构造方法，如图3-4所示。

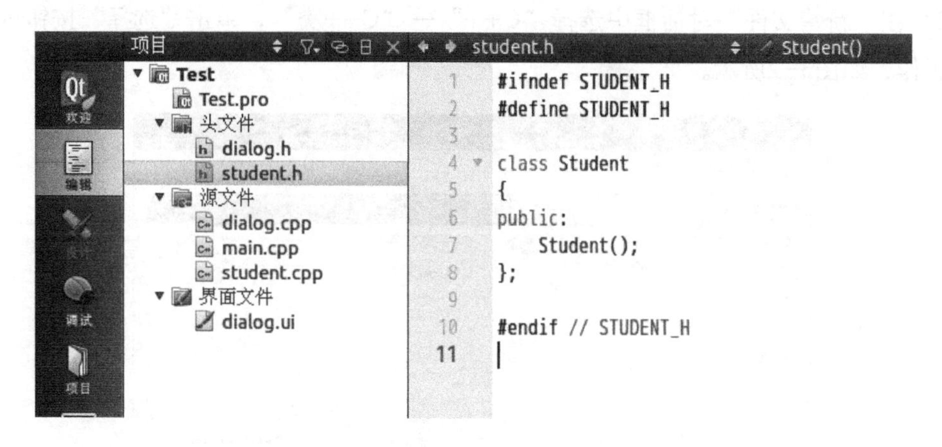

图3-4 自动定义“Student”类

2. 类

类是由属性和方法组成的。其中，属性也称为成员变量，用于描述在这个类中可以使用值进行量化的特征，是名词。以“学生”类为例，属性可以包括学号、姓名、年龄、性别等。属性的表现为在类中声明的变量，可以使用声明变量的语法，在类中声明属性。但只是声明，一般不会赋值。不同的对象会对应不同的属性值，如不同学生的学号是不同的。方法用于描述类的行为或动作，是动词。以“学生”类为例，方法可以有学习、吃饭、唱歌等。在程序中，方法表现为一系列代码的集合。其声明和使用的方法在前面已经讲过。

实例2：在Student类中定义4个属性：学号、姓名、年龄、性别；定义3个方法：学习、吃饭、唱歌。操作步骤如下：

1）打开“student.h”头文件，在“public”区域定义Student类的4个属性，代码如下：

```
int id;//学号
QString name;//姓名（注意先引入QString类）
int age;//年龄
char sex;//性别
```

2）在“public”区域再定义3个方法，返回值都为“QString”类型，代码如下：

```
QString Study();//学习方法
QString Eat();//吃饭方法
QString Sing();//唱歌方法
```

3）在“student.cpp”源文件中写方法，代码如下：

```
QString Student::Study(){
    return this->name+"正在学习...";
```

```
}
QString Student::Eat(){
    return this->name+"正在吃饭...";
}
QString Student::Sing(){
    return this->name+"正在唱歌...";
}
```

实例分析：根据属性的含义定义出属性的数据类型，注意，由于自定义类不包含QString类，因此无法直接使用QString的数据类型，在使用前要先引入QString类。定义了3个方法分别返回学生的当前状态，其中“this”关键字是指这个类本身，作用是防止和类中其他的形参混淆。例如，this->name指的是这个类中的name属性。

3. Qt中的对象

对象即归属于某个类别的个体，是指具体的某个事物或东西。例如，某人家养的一只名叫“Tom”的猫，这就是一个对象。在Qt中创建对象的步骤如下：

1）通常创建的对象和类不在同一源文件中，因此在创建对象时，需先引入该类或该类所在的头文件。

2）创建对象分为声明和初始化两部分。声明对象与声明变量的语法一致，格式为“类名 *变量名；”，初始化对象的过程也称为实例化，创建的对象也可以称为“实例”。初始化对象的语法为“变量名 = new 类名();”，对象的声明和实例化也可以在一条语句中完成，语法为“类名 *变量名 = new 类名();”。

实例3：在“dialog.cpp”中创建一个“Student”对象，对象的属性为学号即“1”，姓名为“张三”，年龄为“16”，性别为“男”。在界面文件中拖入一个“Label”控件，运行该对象的“Study()”方法，并将返回值显示在“Label”控件上。操作步骤如下：

1）打开界面文件“dialog.ui”，拖入一个“Label”控件，控件名设置为“lblShow”。

2）打开“dialog.cpp”源文件，引入“Student”类的头文件，代码如下：

```
#include "student.h"
```

3）在构造方法中实例化“Student”类，并完成对象的属性和方法的操作，代码如下：

```
Student *stu = new Student();
stu->id = 1;
stu->name = "张三";
stu->age = 16;
```

```
stu->sex = '男';
ui->lblShow->setText(stu->Study());
```

4）设置完成，运行效果如图3-5所示。

图3-5 运行效果

实例分析：类在使用前必须先实例化成一个对象，即语句“Student *stu = new Student();”，这里“stu”就是被实例化的对象名，使用“对象名->属性”和“对象名->方法”的方法对类中的属性和方法进行操作。最后，将返回值显示在“Label”控件中。

4．Qt中的构造方法

构造方法是在类的实例化的同时执行的方法，即是在“new 类名()”的时候调用的方法，一般使用构造方法来对类的属性进行初始化。构造方法的特征如下：

1）构造方法不声明方法的返回值。

2）方法名和类名相同。

3）构造方法可以由系统自动创建，也可以由用户手动添加。

4）创建带有参数的构造方法，可以有效提高创建对象、初始化属性的开发效率。

实例4：重写“Student”类中的构造方法，在构造方法中进行属性的初始化，并在“dialog.cpp”中创建一个Student对象，对象的属性为学号即“2”，姓名为“李四”，年龄为“17”，性别为“男”。运行该对象的“Eat()”方法，并将返回值显示在“Label”控件上。操作步骤如下：

1）打开“student.h”类头文件，在“public”区域重新声明构造方法，代码如下：

```
Student(int id,QString name,int age,char sex);
```

2）打开“student.cpp”类源文件，写构造方法，代码如下：

```
Student::Student(int id, QString name, int age, char sex){
    this->id = id;
    this->name = name;
    this->age = age;
    this->sex = sex;
}
```

3）打开“dialog.cpp”源文件，实例化“Student”类，并执行“Eat()”方法，将返

回值显示在“Label”控件上，代码如下：

```
Student *stu = new Student(2,"李四",17,'男');
ui->lblShow->setText(stu->Study());
```

4）设置完成，运行效果如图3-6所示。

图3-6　运行效果

实例分析：在声明构造方法时应注意，构造方法不声明返回值，方法名与类同名（区分大小写），并且“Student”类包含4个属性，因此构造方法声明为“Student(int id,QString name,int age,char sex);”。在写构造方法时应注意“this->id”是指本类中的属性，而“id”指的是构造方法传进来的形式参数。类在实例化时将自动调用用户自定义的构造方法，必须将4个参数按照定义的顺序依次传入。最后，将返回值显示在“Label”控件中。

小知识：类的三大特性——继承性、封装性和多态性

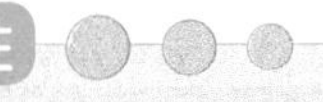

1．继承性

继承是一种利用已有的类，快速创建新类的机制，这里被继承的类称为父类（基类），得到继承的类称为子类。通过继承，子类将拥有父类的全部属性和方法。在Qt中，类在声明时使用如下语法实现继承：“class 类名:public 父类名”。

在“Dialog”类中，如图3-7所示，可以看到它继承了QDialog这个基类。在本任务的操作中使用了“Dialog”类的“show()”方法和“hide()”方法。然而，在“Dialog”类中并没有对这两个方法进行定义，说明这两个方法是在该类的基类中定义的。若查找“show()”方法定义的位置，则可以在“dialog->show();”中按住<Ctrl>键，在“show()”的位置上单击鼠标左键，打开如图3-8所示的头文件。

```
namespace Ui {
class Dialog;
}
class Dialog : public QDialog
{
    Q_OBJECT
```

图3-7　“Dialog”类继承自“QDialog”类

```
widget.h - SmartHome - Qt Creator
481      void update(const QRect&);
482      void update(const QRegion&);
483
484      void repaint(int x, int y, int w, int h);
485      void repaint(const QRect &);
486      void repaint(const QRegion &);
487
488  public Q_SLOTS:
489      // Widget management functions
490
491      virtual void setVisible(bool visible);
492      inline void setHidden(bool hidden) { setVisible(!hi
493  #ifndef Q_WS_WINCE
494      inline void show() { setVisible(true); }
495  #else
496      void show();
497  #endif
498      inline void hide() { setVisible(false); }
```

图3-8 “qwidget.h”头文件

这里发现这并不是“Dialog”类的基类“QDialog”，而是另外一个类“QWidget”。按住<Ctrl>键单击“QDialog”进入“QDialog”类，如图3-9所示。可以看到“QDialog”也是一个继承子类，其基类为“QWidget”，也就是说，“Dialog”类是“QWidget”类的子类的子类，当然也可以使用“QWidget”类的方法。

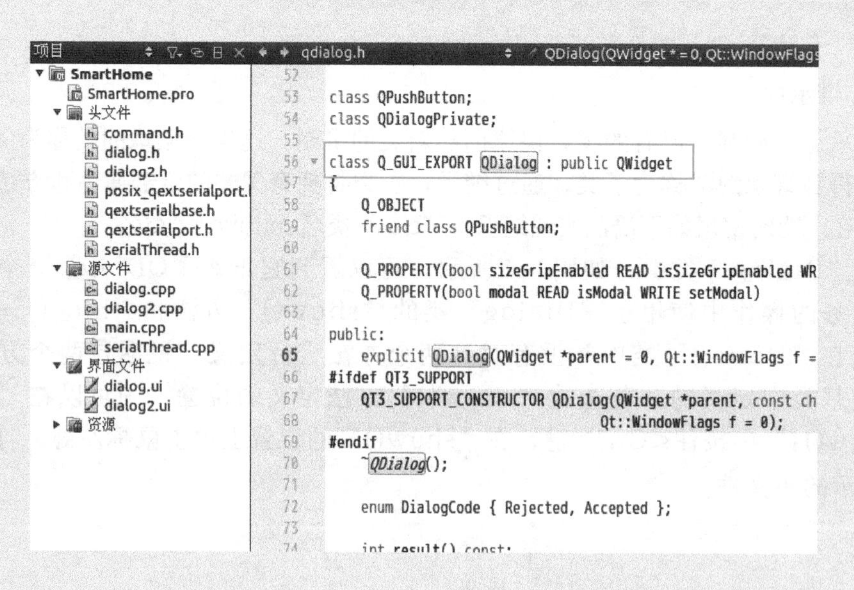

图3-9 “qdialog.h”头文件

2. 封装性

类的封装是指使用访问权限控制符对内部成员（属性和方法）进行一定的保护。封装的目的是增强安全性和简化编程。访问权限修饰符有“private”（私有权限）、“protected”（保护权限）、“public”（共有权限）3种，其对应的访问权限见表3-1。

表3-1　权限修饰符的访问权限

修饰符	当前类	子类	其他类
private	允许	不允许	不允许
protected	允许	允许	不允许
public	允许	允许	允许

在本节实例中的“Student”对象中定义的4个属性和3个方法均为“public”修饰，因此在“Dialog”类中可以对其直接访问，若改为“private”修饰，则不能被“Dialog”访问。

3. 多态性

多态指某个对象在编译期和运行期是不同的数据形态。多态通常表现为：使用父类的数据类型进行声明，但却创建子类的对象，这种方式也称为向上转型。向上转型后，该对象不可再访问父类中没有声明的属性和方法，如果父类和子类同时写了一个方法，则会调用子类的方法，其语法格式为：“父类类名　对象名　=　new　子类类名()”，如项目中“Dialog”类是“QDialog”的子类，可以使用语句“QDialog *dialog = new Dialog()”进行类的实例化。

任务实施

1）打开项目“SmartHome”。右键单击该项目，在弹出的快捷菜单中选择“添加新文件”命令。创建一个“Qt设计师界面类”，类名为“Dialog2”。

2）打开“dialog2.ui”界面文件，设置如图3-10所示的界面效果。

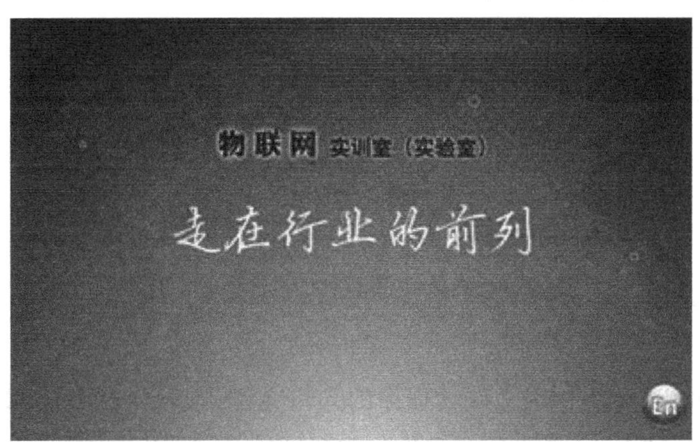

图3-10　界面效果

其控件属性设置见表3-2。

表3-2　控件的属性设置

控件类型	控件名	属性设置
Dialog2	（默认）	宽度：800，高度：480
Label	lblBg	X：0，Y：0 宽度：800，高度：480
Push Button	btnEn	X：740，Y：420 宽度：60，高度：60

3）设置“lblBg”控件的背景和“btnEn”控件的边框背景，如图3-11和图3-12所示。

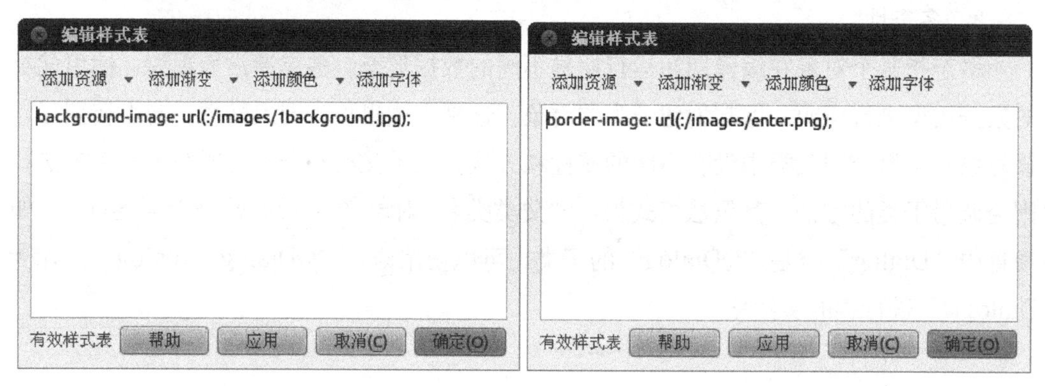

图3-11　设置“lbl”控件的背景图片　　图3-12　设置“btnEn”控件的边框背景图片

4）右键单击“btnEn”控件，在弹出的快捷菜单中选择“转到槽”命令，进入“dialog2.cpp”源文件。

5）由于要将该页面转入“Dialog”页面，因此先要引入“dialog.h”头文件。在顶部输入“#include "dialog.h"”。

6）在“btnEn”的“clicked()”槽方法中输入如下代码：

```
void Dialog2::on_btnEn_clicked()
{
    QDialog *dialog = new Dialog();//实例化Dialog对象
    dialog->show();//显示Dialog页面
    this->close();//关闭当前页面
}
```

7）进入“main.cpp”主文件（程序的入口文件），将“Dialog2”页作为第一页进行显示。先引入“dialog2.h”头文件，在顶部输入“#include "dialog2.h"”，将程序中原来的“Dialog w;”修改为“Dialog2 w;”。这样在程序启动的时候就会将

“Dialog2”作为第一页进行显示了。

8）设计完成，运行测试。

任务2 实现进度条加载功能

任务描述

本任务主要实现在程序中常见进度条的加载功能，如图3-13所示。当用户单击“En”按钮时，进度条从0加载到100，进度条每次加1，并且在进度条的值为10,20,30,50,60,80,100时用一个“Label”控件显示文字信息，并将字体设置为红色。

图3-13 进度条加载

“Label”控件显示内容见表3-3。

表3-3 “Label”控件显示的内容

值	文 字
10%	正在加载串口配置……
20%	串口配置加载完成……
30%	正在加载界面配置……
50%	界面配置加载完成……
60%	正在初始化界面……
80%	界面初始化完成……
100%	进入系统中……

知识准备

使用循环语句进行进度条从0到100的加载，在加载的过程中利用多分支语句对进度进行判断，并在“Label”控件中显示不同的内容。

1. 多分支结构

多分支结构通过“switch…case”语句来实现，其语法如下：

```
switch(变量){
    case 值1：
            语句块；
            break；
    case 值2：
            语句块；
            break；
    …
    case 值n：
            语句块；
            break；
    default：
            语句块；
            break；
}
```

与“if…else”语句不同的是，“if”语句的条件是通过关系表达式进行判断，而“switch…case”是通过变量与值的比较进行判断，因此，“switch…case”语句只适用于“等于”的情况，而且这里的变量数据类型必须为int型，若出现大于、小于的判断或为非int型的变量的判断，则必须使用“if”语句来解决。

实例1：命令解析器，运行效果如图3-14所示。有如下功能供用户选择：“1．显示全部记录”“2．查询登录记录”“3．退出”。当用户在控制台输入1时，用户选择的功能为显示全部记录；输入2时，用户选择的功能为查询登录记录；输入3时，用户选择的功能为退出。

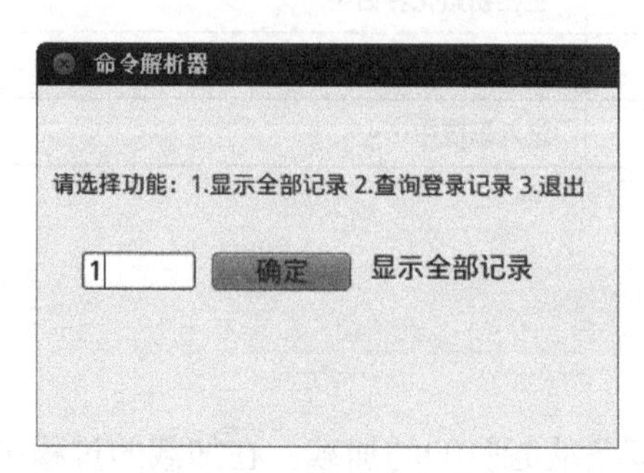

图3-14　实例1运行效果

创建一个“Command”项目，操作步骤如下：

1）页面设计。打开“dialog.ui”界面文件进行控件的设计，控件属性见表3-4。

表3-4 控件的属性设置

控件类型	控件名	属性设置
QDialog	Dialog	宽度：400，高度：240 window Title：命令解析器
QLabel	（默认）	text：请选择功能：1. 显示全部记录 2. 查询登录记录 3. 退出
QLineEdit	leGn	
QPushButton	btnQd	text：确定
QLabel	lblShow	

2）右键单击“btnQd”按钮，在弹出的快捷菜单中选择“转到槽”命令，在槽方法中输入如下代码：

```
void Dialog::on_btnQd_clicked()
{
    int gn = ui->leGn->text().toInt();
    switch(gn){
    case 1:
        ui->lblShow->setText("显示全部记录");
        break;
    case 2:
        ui->lblShow->setText("查询登录记录");
        break;
    case 0:
        this->close();
    default:
        ui->lblShow->setText("没有该选项");
        break;
    }
}
```

实例分析：使用变量“gn”获取用户输入的功能编号，由于“switch…case”语句中的变量必须为int型，因此先要将“leGn”控件中的文本转为int型。用户单击“确定”按钮后对输入的功能编号进行判断，在“lblShow”控件中显示对应功能。当用户输入的功能编号不存在时，则执行“default”区域内语句块的内容。

2. 循环结构——“for”循环语句

其语法如下：

```
for(表达式1;表达式2;表达式3){
    语句块;
}
```

其中，表达式1为循环控制变量初始值，表达式2为循环控制条件，表达式3为循环一次后循环控制变量的递增值。

实例2：创建一个项目，其运行效果如图3-15所示，用户输入一个值，单击“累加”按钮，将计算从1累加到这个值的和，并将结果显示在“Label”控件中。

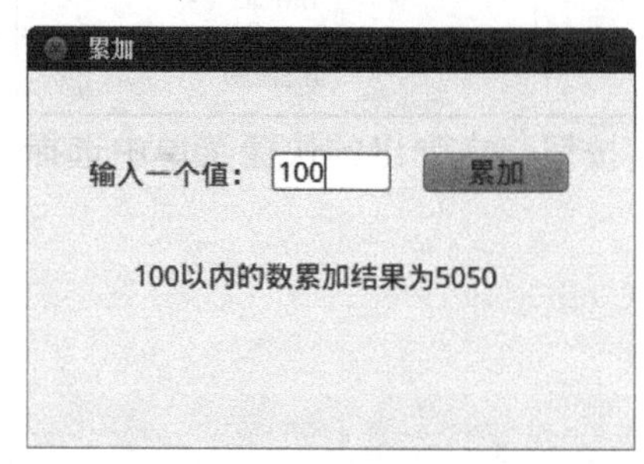

图3-15 实例2运行效果

创建一个“Sum”项目，操作步骤如下：

1）页面设计。打开“dialog.ui”界面文件进行控件设计，控件属性见表3-5。

表3-5 控件的属性设置

控件类型	控件名	属性设置
QDialog	Dialog	宽度：400，高度：240 window Title：累加
QLabel	（默认）	text：输入一个值
QLineEdit	Le_Val	
QPushButton	btnLj	text：累加
QLabel	lblShow	

2）右键单击“btnLj”按钮，在弹出的快捷菜单中选择“转到槽”命令，在槽方法中输入如下代码：

```
void Dialog::on_btnLj_clicked()
{
    int val = ui->le_Val->text().toInt();
    int sum = 0;
    for(int i=1;i<=val;i++){
```

```
        sum += i;
    }
    ui->lblShow->setText(QString::number(sum));
}
```

实例分析：使用变量val获取文本框的值。使用变量sum记录累加的值。累加方式为“1+2+…+val”，因此设置循环初始值为“i=1”，加到val截止，因此设置循环条件为“i<=val”，循环每执行一次则i递增1，因此设置递增值为“i++”。循环每执行一次即把i加到sum中一次，因此语句块中执行“sum += i”。最后将累加值sum显示在“Label”控件中。

实例3：创建一个项目，其运行效果如图3-16所示，在“Label”控件中显示一组5行10列的“*”号。

图3-16　实例3运行效果

创建一个“Print”项目，操作步骤如下：

1）页面设计。打开“dialog.ui”界面文件进行控件设计，控件属性见表3-6。

表3-6　控件的属性设置

控件类型	控件名	属性设置
QDialog	Dialog	宽度：200，高度：200 window Title：打印
QLabel	lblShow	

2）创建项目，并按图3-16所示进行界面设计，其中Label的控件名为“lblShow”。

3）在构造方法中输入如下代码：

```
Dialog::Dialog(QWidget *parent) :
    QDialog(parent),
    ui(new Ui::Dialog)
{
    ui->setupUi(this);
    QString str = "";
```

```
    for(int i=0;i<5;i++){
        for(int j=0;j<10;j++){
            str += "*";
        }
        str += "\n";
    }
    ui->lblShow->setText(str);
}
```

实例分析：由于代码直接运行，因此将其放入构造方法中。使用变量str记录要显示的“*”，要显示5行10列，设计外层循环5次以控制行数，内层循环10次以控制每行显示的个数。内循环每执行一次则str增加一个“*”，而每执行一次外循环则str增加一个回车符（“\n”）进行换行。最后将str的值显示在“Label”控件中。

实例4：创建一个项目，其运行效果如图3-17所示，在“Label”控件中显示一组10行由“*”构成的正三角形。

图3-17　实例4运行效果

操作步骤如下：

1）打开“Print”项目。

2）修改构造方法，代码如下：

```
Dialog::Dialog(QWidget *parent) :
    QDialog(parent),
    ui(new Ui::Dialog)
{
    ui->setupUi(this);
    QString str = "";
    for(int i=0;i<5;i++){
        for(int j=0;j<=i;j++){
            str += "*";
        }
        str += "\n";
    }
    ui->lblShow->setText(str);
}
```

实例分析：本实例与实例3相似，只是每行显示的“*”号数量不同，第一行为1个，第二行为2个…，可以看出每行显示“*”号的数量与行号是一样的。因此，在设置内循环时，循环条件应为“j<=i”，即显示数量为当前的行号。最后将str的值显示在“Label”控件中。

3. 循环结构——“while”循环语句

其语法如下：

```
while(bool表达式){
   语句块;
}
```

当bool表达式为true时，执行语句块；否则退出循环。

实例5：使用“while”循环完成实例2的功能。操作步骤如下：

1）打开“Sum”项目。

2）右键单击“btnLj”按钮，在弹出的快捷菜单中选择“转到槽”命令，在槽方法中修改代码，具体如下：

```
void Dialog::on_btnLj_clicked()
{
    int val = ui->le_Val->text().toInt();
    int sum = 0;
int i = 1;
    while(i<=val){
        sum += i;
          i++;
    }
    ui->lblShow->setText(QString::number(sum));
}
```

实例分析：本实例原理与实例2相似。但while语句只对循环条件进行判断，无法设置明确的循环次数，因此，需要先在while语句前声明循环次数变量并赋初始值，即“int i = 1”。在循环内部设置循环后i的递增值，即“i++”，最后将累加变量sum的值显示在“Label”控件中。

4. 循环语句——“do…while”循环语句

其语法如下：

```
do{
   语句块;
}while(bool表达式);
```

与“for”和“while”循环语句的不同是，“do…while”循环语句是先执行语句块，后判断bool表达式，若值为true则继续循环，否则退出循环。

实例6：使用“do…while”循环完成实例2的功能。操作步骤如下：

1）打开“Sum”项目。

2）右键单击“btnLj”按钮，在弹出的快捷菜单中选择“转到槽”命令，在槽方法中修改代码，具体如下：

```
void Dialog::on_btnLj_clicked()
{
    int val = ui->le_Val->text().toInt();
    int sum = 0;
int i = 1;
    do{
        sum += i;
          i++;
    }while(i<=val);
    ui->lblShow->setText(QString::number(sum));
}
```

实例分析：本实例原理与实例4原理基本一致，只是语法上有所区别，需注意，在“while”条件后面要加“;”号。

5. continue和break关键字的使用

两条语句都常用于循环结构中，与“if”语句搭配使用以控制循环的执行。两者的区别如下：

1）continue语句的作用是停止执行本次循环“continue”语句后的所有语句，强制进入下一次循环。例如，显示10以内所有能被3整除的数，代码如下：

```
    for(int i=1;i<=10;i++){
        if(i%3!=0){//若i不能被3整除则执行
            continue;
        }
        qDebug()<<i;
}
```

2）break语句的作用是使程序终止本循环，执行循环后的指令。例如，找出10以内第一个能被3整除的数（不包括3本身），代码如下：

```
for(int i=4;i<=10;i++){
```

```
        if(i%3==0){//若i能被3整除则执行
                qDebug()<<i;
                break;
        }
}
```

任务实施

1）打开项目“SmartHome”，进入“dialog2.cpp”源文件。

2）对“btnEn”的“clicked”槽方法进行修改，代码如下：

```
void Dialog2::on_btnEn_clicked()
{
    for(int i=0;i<=100;i++){
        ui->progressBar->setValue(i);
        switch(i){
        case 10://当进度为10%时
            ui->lblShow->setText("正在加载串口配置……");
            break;
        case 20: //当进度为20%时
            ui->lblShow->setText("串口配置加载完成……");
            break;
        case 30: //当进度为30%时
            ui->lblShow->setText("正在加载界面配置……");
            break;
        case 50: //当进度为50%时
            ui->lblShow->setText("界面配置加载完成……");
            break;
        case 60: //当进度为60%时
            ui->lblShow->setText("正在初始化界面……");
            break;
        case 80: //当进度为80%时
            ui->lblShow->setText("界面初始化完成……");
            break;
        case 100: //当进度为100%时
            ui->lblShow->setText("进入系统中……");
```

```
                break;
            }
        }
        sleep(1);//系统休眠1s
        QDialog *dialog = new Dialog();//实例化Dialog对象
        dialog->show();//显示Dialog页面
        this->close();//关闭当前页面
}
```

3）设计完成，运行测试。

任务3 实现用户注册和登录功能

任务描述

本任务使用SQLite数据库进行用户注册和登录功能的实现，如图3-18所示。

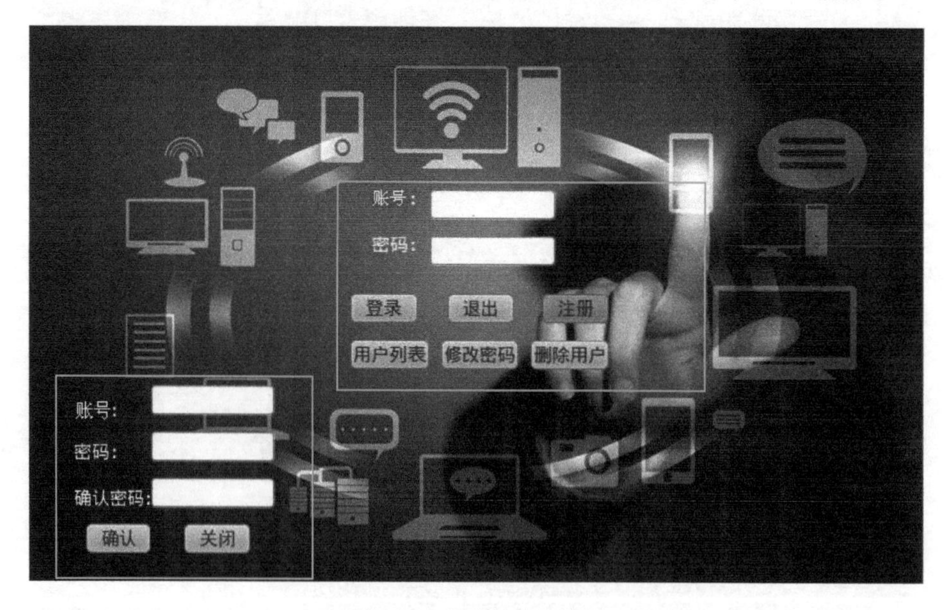

图3-18 用户注册和登录

1. 用户注册功能

界面初始状态不显示注册区域，单击“注册”按钮才显示注册区域。要求新用户必须注册才能登录。注册数据保存到数据库“db.db”的“Login”表中，其字段的属性见表3-7。

表3-7 “Login”表中的字段属性

字 段 名	字 段 类 型	字 段 长 度	备 注
id	Int	默认	主键、自增
user	Varchar	20	用户名字段
passwd	Varchar	20	密码字段
regDT	datetime	默认	注册时间字段

在注册界面上输入密码及确认密码时，密码显示为“*”，单击“确定”按钮时若注册成功，则弹出提示框注册成功，若失败，则弹出对话框提示，当密码及确认密码不一致时，则显示验证密码不一致，具体情况如图3-19所示。单击“关闭”按钮则注册区域隐藏。

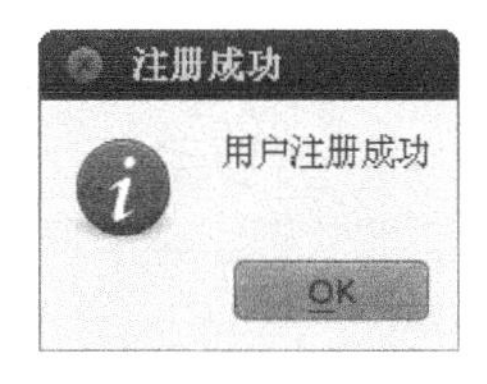

图3-19 提示信息

2. 用户登录功能

要求在登录界面输入密码时，密码显示为“*”；用户输入账号和密码，单击“登录”按钮，若输入正确则进入“dialog2.ui”界面；若账号、密码输入错误则弹出一个提示框，如图3-20所示。单击“退出”按钮则关闭系统。

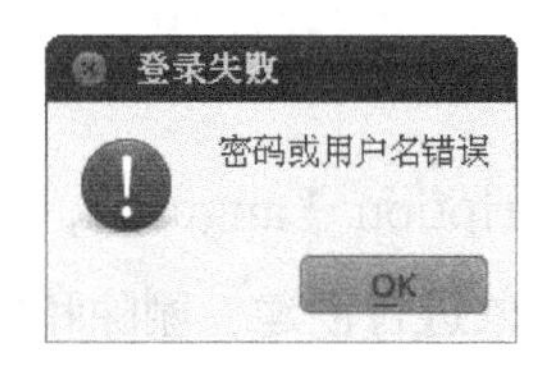

图3-20 登录失败提示框

知识准备

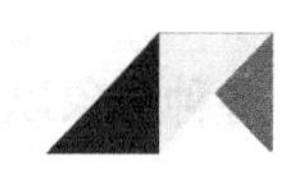

在前面内容的学习中，数据的存储使用的是变量的方式，存储的数据都放在内存中。这种存储方式的最大问题在于不能长期保存数据，设备断电后数据就会丢失。而在本任务中，要求长期保存用户的注册信息，这样就必须将数据保存在设备的外存中，使用数据库技术就可以很好地完成这个任务。

1. 数据库的概念

数据库（Database）是按照数据结构来组织、存储和管理数据的，建立在计算机存储设备上的仓库。实际开发中使用的数据库几乎都是关系型的。关系型数据库是按照二维表（Table）结构方式组织的数据集合，二维表由行和列组成，表的行称为元组，列称为属性，对表的操作称为关系运算，主要的关系运算有投影、选择、连接等。

数据库系统通常分为桌面型和网络型两类。

1）桌面型数据库系统是指只在本机运行、不与其他计算机交换数据的系统，常用于小型信息管理系统，这类数据库系统常见的有Visual FoxPro、Access等。

2）网络型数据库系统是指能够通过计算机网络进行数据共享和交换的系统，常用于构建较复杂的C/S（客户端/服务器端）结构或B/S（浏览器端/服务器端）结构的分布式应用系统，这类数据库系统常见的有Oracle、Microsoft SQL Server等。

本书使用Qt提供的SQLite数据库，它小巧灵活，无须额外的安装和配置，是一种轻量级的数据库。

2. 结构化查询语言SQL

结构化查询语言（Structured Query Language，SQL）是用于关系数据库操作的标准语言，最早由Boyce和Chambedin在1974年提出，1976年SQL开始应用于商品化关系数据库管理系统，1982年美国国家标准化组织（ANSI）确认SQL为数据库系统的工业标准，1986年ANSI公布了SQL的第一个标准X 3.135−1986。随后，国际标准化组织ISO也通过了这个标准，即SQL−86。1989年ANSI和ISO公布了经过增补和修改的SQL−89，在1992年推出的SQL−2中对语言表达式做了较大扩充，1999年推出的SQL−3新增了对面向对象的支持。目前，许多关系型数据库供应商都在自己的数据库中支持SQL语言。SQL语言由以下3部分组成：

1）数据定义语言（Data Description Language，DDL），用于执行数据库定义的任务，对数据库及数据库中的各种对象进行创建、删除和修改等操作。数据库对象主要包括表、默认约束、规则、视图、触发器和存储过程等。

2）数据库操纵语言（Data Manipulation Language，DML），用于操控数据库中的各种对象以及检索和修改数据。

3）数据控制语言（Data Control Language，DCL），用于安全管理，确定哪些用户可以查看或修改数据库中的数据。

SQL语言大约由40条语句组成，每条语句通常由一个谓词关键字开始，该谓词描述这条语句要产生的动作，如“Create”“Select”“Update”等，后面是一个或多个子句，子句进一步指明对数据的作用条件、范围、方式等。

3. 表

每个数据库文件可以包含多个表，表是关系数据库中最主要的数据库对象，它是用来存储和操作数据的一种逻辑结构。表由行和列组成，因此也称为二维表。表3-8所示为一个学生表。

表3-8　学生表

学　号	姓　名	年　龄	专　业	出生日期
2016001	张峰	17	计算机	1999/10/08
2016002	王磊	17	机电	1999/09/10
2016003	李林	16	计算机	2000/05/09
2015001	周凡	18	会计	1998/11/20
2015002	刘艺	17	机电	1999/01/13

每个表都有一个名字，以标志该表。如表3-8的名字是学生表，它共有5列，每一列也都有一个名字，描述学生某一方面的信息。每个表由若干行组成，表的第一行为各列标题，其余各行都是数据。在该表中分别描述了4位同学的信息。下面介绍表中元素的定义。

1）记录（Record）：数据表中的一行数据被称为一个记录。表也可以称为记录的集合。如表3-7中共有4条记录。

2）字段（Filed）：表中的每列就是一个字段，也叫属性。如表3-8中包括“学号”“姓名”“专业”“出生日期”“年龄”5个字段。字段包括字段名、字段数据类型、字段长度和是否为关键字等属性。其中，字段名是该字段的标识；字段存储数据的类型，如整形、文本型、时间日期型等；字段长度为该字段存储数据的最大长度。

3）关键字（Primary Key）：指表中能唯一标识一条记录的字段或字段组合，也称为主键。每一个数据表有且仅有一个关键字。如表3-8中的“学号”字段能唯一标识一条记录，可作为主键。

4. SQLite的常用操作

由于SQLite是Qt内置的数据库，因此可以进入命令提示符下直接对数据库进行操作，进入命令提示符的快捷键为<Ctrl+A>。

1）创建数据库，语法为“sqlite3 /存储路径/数据库名”。

实例1：在桌面上创建一个名为“db.db”的数据库，代码如下：

```
sqlite3 /home/zdd/桌面/db.db
```

注意：

由于当前SQLite的版本为SQLite 3，因此使用sqlite3的指令，“.db”是SQLite数据库文件的扩展名。输入完成后，进入SQL命令提示符界面，如图3-21所示。但并没有在桌面上创建“db.db”的数据库文件。只有在数据库中建表后才能进行数据库文件的创建。

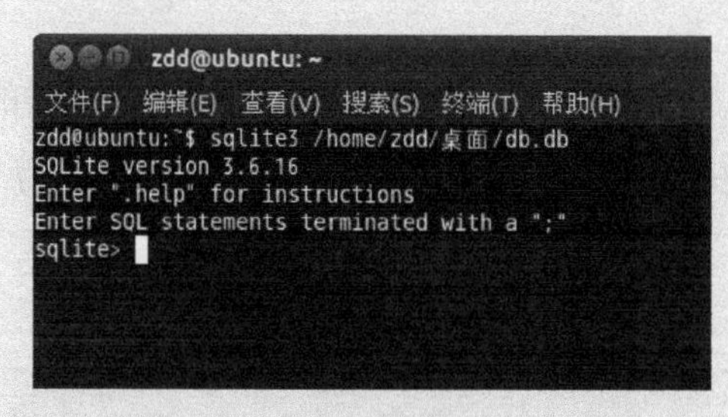

图3-21 SQL命令提示符界面

2）创建数据表，语法为“create table 表名 （字段名1 字段描述，字段名2，字段描述…）”。

实例2：创建一个表名为“student”的表，其字段的属性见表3-9。

表3-9 student表的字段属性

字 段 名	字 段 类 型	字 段 长 度	是否为主键
id（学号）	varchar	20	是
name（姓名）	varchar	20	否
age（年龄）	int	（默认）	否
professional（专业）	varchar	20	否
birthday（出生日期）	date	（默认）	否

在SQL命令提示符界面输入如下代码：

```
create table student (id varchar(20) primary key , name varchar(20) , age int , professional varchar(20) , birthday date);
```

注意：

varchar是一种短字符的数据类型，最大可支持255个字符，若字符数超过255，则需使用char型数据类型，每输入一条SQL指令需要使用分号作为结束符，否则无法结束该指令。在表创建完成后可使用.table指令查看该表是否创建成功，如图3-22所示。

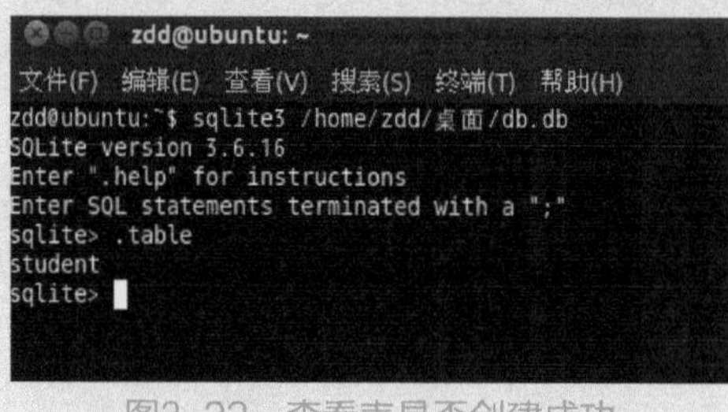

图3-22 查看表是否创建成功

3）向表中插入记录，语法为“insert into 表名（字段名1，字段名2，…）values（数据1，数据2，…）；”。当插入的记录为所有字段时，语法可简化为“insert into表名values（数据1，数据2，…）；”。

实例3：完成表3-8的数据输入。

在SQL命令提示符界面输入如下代码：

```
insert into student values ('2016001','张峰',17,'计算机','1999-10-08');
insert into student values ('2016002','王磊',17,'机电','1999-09-10');
insert into student values ('2016003','李林',16,'计算机','2000-05-09');
insert into student values ('2015001','周凡',18,'会计','1998-11-20');
insert into student values ('2015002','刘艺',17,'机电','1999-01-13');
```

注意：

插入的数据顺序一定要与字段顺序一一对应。对于字符型和时间日期型的字段，其值应使用单引号进行标注。

4）简单查询表的记录，语法为“select 字段1,字段2… from 表名 [where 条件]”。

实例4：查询student表中的所有记录。

在SQL命令提示符界面输入如下代码：

```
select * from student;
```

显示结果如图3-23所示。

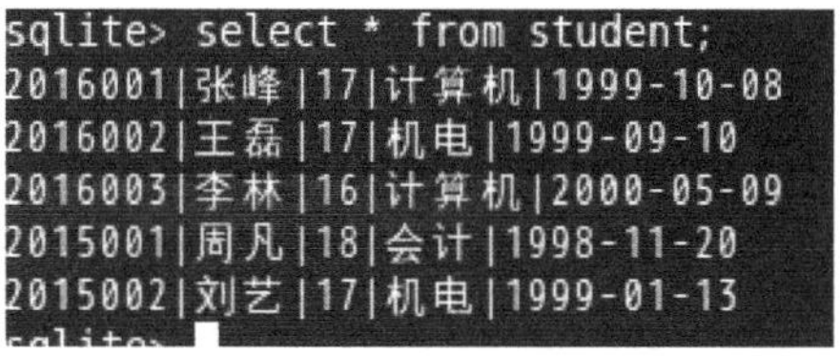

```
sqlite> select * from student;
2016001|张峰|17|计算机|1999-10-08
2016002|王磊|17|机电|1999-09-10
2016003|李林|16|计算机|2000-05-09
2015001|周凡|18|会计|1998-11-20
2015002|刘艺|17|机电|1999-01-13
sqlite>
```

图3-23　运行效果

注意：

当要查询记录的所有字段信息时，字段项部分可以简化为“*”号。

实例5：查询student表中学号为“2016001”的记录。

在SQL命令提示符界面输入如下代码：

```
select * from student where id ='2016001';
```

显示结果如图3-24所示。

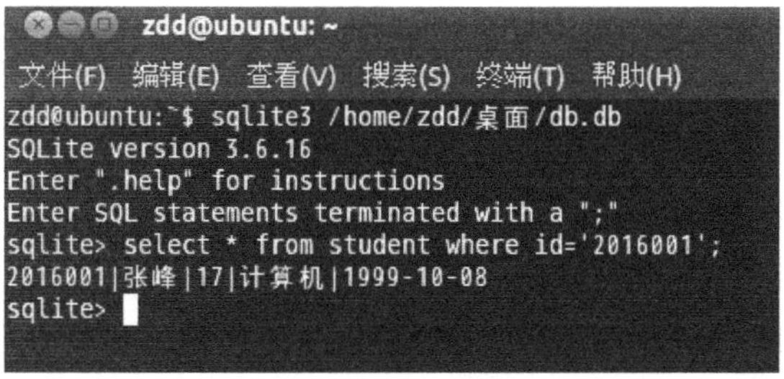

```
zdd@ubuntu: ~
文件(F) 编辑(E) 查看(V) 搜索(S) 终端(T) 帮助(H)
zdd@ubuntu:~$ sqlite3 /home/zdd/桌面/db.db
SQLite version 3.6.16
Enter ".help" for instructions
Enter SQL statements terminated with a ";"
sqlite> select * from student where id='2016001';
2016001|张峰|17|计算机|1999-10-08
sqlite>
```

图3-24　运行效果

注意

判断条件的运算符有“=”“!=”“>”和“<”等。当有多个条件时，使用关系运算符“AND”或“OR”进行连接。

5. Qt操作SQLite数据库

Qt提供的Qtsql模块实现了对数据库的访问，同时提供了一套与平台和具体所用数据库均无关的调用接口。此模块为不同层次的用户提供了不同的、丰富的数据库操作类。例如，对于习惯使用SQL语法的用户，QSqlQuery类提供了直接执行任意SQL语句并处理返回结果的方法；而对于习惯使用较高层数据库接口、避免使用SQL语句的用户，QSqlTable Model类和QSq1Relationa1TableModel类则提供了合适的抽象。

实例6：创建一个项目“SQLiteTest”，进行SQLite数据库的连接。操作步骤如下：

1）创建项目“SQLiteTest”。

2）在项目文件“SQLiteTest.pro”中添加如下代码：

```
QT += sql
```

3）在“main.cpp”主文件中设置中文编码方式，代码略。

4）打开“dialog.cpp”源文件，引入库文件，代码如下：

```
#include "QSqlDatabase"
#include "QDebug"
```

5）在构造方法中进行数据库的连接，代码如下：

```
QSqlDatabase db = QSqlDatabase::addDatabase("QSQLITE");//添加数据库类型为SQLITE
    db.setDatabaseName("db.db");//设置数据库名为db.db
    if(db.open()){
        qDebug()<<"数据库打开成功";
    }else{
        qDebug()<<"数据库打开失败";
}
```

6）操作完成，运行后在“应用程序输出”窗口中显示“数据库打开成功”，表示数据已创建完成并打开。

注意：

“addDatabase()”方法的参数为数据库的驱动名称。常用驱动有：QDB 2（IBM DB 2）、QMYSQL（MySQL）、QODBC（SQL Server）、QSQLITE（SQLite 3以上的版本）。进行数据库连接时，可以使用“setHostName(QString)”方法设置数据库主机名，使用“setDatabaseName(QString)”方法设置数据库名，使用“setUserName(QString)”方法设置数据库用户名，使用“setPassword (QString)”方法设置数据库密码。数据库打开后，会在项目的构建目录中自动生成数据库文件。

实例7：创建一个表名为“student”的表，其字段属性见表3-8。并且在该表中插入一条记录：学号为“2016001”，姓名为“张峰”，年龄为“17”，年级为“2016级”，出生日期为“1999-10-08”。操作步骤如下：

1）在“dialog.cpp”源文件中引入库文件，代码如下：

```
#include "QSqlQuery"
```

2）在构造方法中，打开数据库代码，在其后面添加如下代码：

```
QSqlQuery query;//创建一个SQL语句对象
    QString sql = "create table student (id varchar(20) primary key , name varchar(20) , age int , grade varchar(20) , birthday date);";//SQL语句
    if(query.exec(sql)){//执行SQL语句
        qDebug()<<"数据表创建成功";
    }else{
        qDebug()<<"数据表创建失败";
    }
    sql = "insert into student values ('2016001','张峰',17,'2016级','1999-10-08');";
    if(query.exec(sql)){//执行SQL语句
        qDebug()<<"数据插入成功";
    }else{
        qDebug()<<"数据插入失败";
}
```

3）操作完成，运行后在“应用程序输出”窗口中显示“数据表创建成功”和“数据插入成功”。

注意：

“QSqlQuery query”指令创建了一个QSqlQuery对象。QtSql模块中的QSqlQuery类提供了一个执行SQL语句的接口，并且可以遍历执行的返回结果集。使用“exec(QString)”方法执行SQL语句，并返回执行结果。

任务实施

1）打开项目“SmartHome”。右键单击该项目，在弹出的快捷菜单中选择“添加新文件”命令。创建一个“Qt设计师界面类”，类名为“Dialog3”。

2）打开“dialog3.ui”界面文件，设置如图3-18所示的界面效果，其控件属性设置见表3-10。

表3-10 控件的属性设置

控件类型	控件名	属性设置
Dialog2	（默认）	宽度：800，高度：480
Label	lblBg	X：0，Y：0 宽度：800，高度：480
Label	（默认）	text：账号
LineEdit	le_Username	
Label	（默认）	text：密码
LineEdit	le_Pwd	EchoMode：Password
Push Button	btnLogin	text：登录
Push Button	btnExit	text：退出
Push Button	btnReg	text：注册
Widget	wdReg	X：20，Y：290 宽度：250，高度：160
Label（wdReg容器内）	（默认）	text：账号
LineEdit（wdReg容器内）	le_RUsername	
Label（wdReg容器内）	（默认）	text：密码
LineEdit（wdReg容器内）	le_RPwd	EchoMode：Password
Label（wdReg容器内）	（默认）	text：确认密码
LineEdit（wdReg容器内）	le_RPwd_2	EchoMode：Password
Push Button（wdReg容器内）	btnInsert	text：确定
Push Button（wdReg容器内）	btnClose	text：关闭

3）在项目文件“SQLiteTest.pro”中添加如下代码：

```
QT += sql
```

4）在“dialog3.cpp”源文件中引入库文件和必要的头文件，代码如下：

```
#include "dialog2.h"
#include "QSqlDatabase"
#include "QSqlQuery"
#include "QMessageBox"
#include "QDateTime"
```

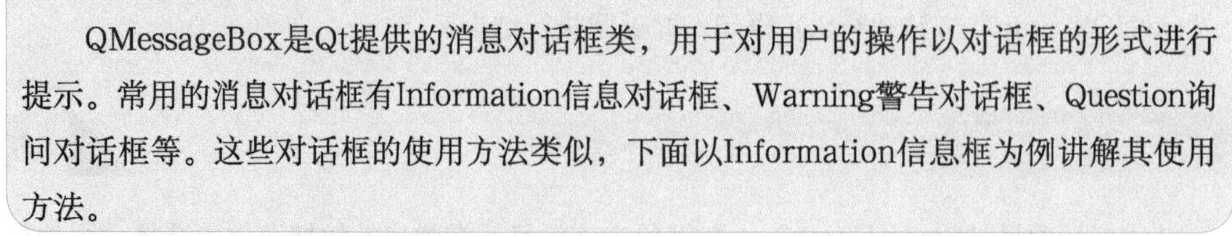

小知识：QMessageBox消息对话框类的使用

QMessageBox是Qt提供的消息对话框类，用于对用户的操作以对话框的形式进行提示。常用的消息对话框有Information信息对话框、Warning警告对话框、Question询问对话框等。这些对话框的使用方法类似，下面以Information信息框为例讲解其使用方法。

从Qt的API中可以看到其语法格式为：

```
static StandardButton QMessageBox::information (QWidget *parent,
```

const QString & title, const QString & text, StandardButtons buttons = Ok, StandardButton defaultButton = NoButton);

首先该方法是以static关键词修饰的一个静态方法，可以通过类名的方式直接访问。然后再来看一下该方法的参数：第1个参数是“parent”，即指出它的父控件，一般设置为this（该页本身）或NULL（无父控件）；第2个参数是“title”，即对话框的标题；第3个参数是“text”，是对话框要提示的内容；第4个参数是“buttons”，表示要显示的按钮，默认情况下只显示一个“Ok”按钮，若要显示多个按钮，则可以使用“|”运算符进行连接，如QMessageBox::Yes|QMessageBox:: No，则表示显示“Yes”和“No”两个按钮，常用的按钮还有Close（关闭）、Abort（忽略）、Retry（重试）等；第5个参数为系统默认选择的按钮。

5）在构造方法中设置“wdReg”控件的初始化状态并打开数据库和创建表，代码如下：

```
ui->wdReg->setVisible(false);//设置注册页面不可见
QSqlDatabase db = QSqlDatabase::addDatabase("QSQLITE");//设置数据库类型为SQLITE
db.setDatabaseName("db.db");//设置数据库名
db.open();//打开数据库
QSqlQuery query;
QString sql = "create table if not exists Login (id integer primary key autoincrement,user varchar(20),passwd varchar(20),regDT datetime)";
query.exec(sql);// 若表不存在，则创建Login表
```

6）进入“dialog3.ui”界面文件，右键单击“btnReg”按钮，在弹出的快捷菜单中选择“转到槽”命令，在槽方法中加入如下代码：

```
void Dialog3::on_btnReg_clicked()
{
    ui->wdReg->setVisible(true);//设置注册页面可见
}
```

7）进入“dialog3.ui”界面文件，右键单击“btnInsert”按钮，在弹出的快捷菜单中选择“转到槽”命令，在槽方法中加入如下代码：

```
void Dialog3::on_btnInsert_clicked()
{
if(ui->le_RUsername->text().isEmpty()||ui->le_RPwd->text().isEmpty()||ui->le_RPwd_2->text().isEmpty()){//若输入的信息不完整
        QMessageBox::warning(NULL,"注册失败","请完善注册信息");
```

```
        return;
    }
    if(ui->le_RPwd->text().trimmed()!=ui->le_RPwd_2->text().trimmed()){//若两次密码输入不一致
        QMessageBox::warning(NULL,"注册失败","验证密码不一致");
        return;
    }
    QSqlQuery query;
    QString sql = "select count(*) from Login where user = '"+ui->le_RUsername->text()+"'";
    query.exec(sql);//查询账户数量
    query.next();
    if(query.value(0).toInt()!=0){//若数量不为0
        QMessageBox::warning(NULL,"注册失败","用户已存在");
        return;
    }
    sql = "insert into Login values (null,'"+ui->le_RUsername->text()+"','"+ui->le_RPwd->text()+"','"+QDateTime::currentDateTime().toString("yyyy-MM-dd HH:mm:ss")+"')";
    if(query.exec(sql)){
        QMessageBox::information(NULL,"注册成功","用户注册成功");
    }
}
```

8）进入“dialog3.ui”界面文件，右键单击“btnClose”按钮，在弹出的快捷菜单中选择“转到槽”命令，在槽方法中加入如下代码：

```
void Dialog3::on_btnClose_clicked()
{
    ui->wdReg->setVisible(false);//隐藏注册页面
}
```

9）进入“dialog3.ui”界面文件，右键单击“btnExit”按钮，在弹出的快捷菜单中选择“转到槽”命令，在槽方法中加入如下代码：

```
void Dialog3::on_btnExit_clicked()
{
    this->close();//关闭系统
}
```

10）进入“dialog3.ui”界面文件，右键单击“btnLogin”按钮，在弹出的快捷菜单中选择“转到槽”命令，在槽方法中加入如下代码：

```
void Dialog3::on_btnLogin_clicked()
{
if(ui->le_Username->text().isEmpty()||ui->le_Pwd->text().isEmpty()){//若登录信息不完整
        QMessageBox::warning(NULL,"登录失败","请完善登录信息");
        return;
    }
    QSqlQuery query;
     QString sql = "select count(*) from Login where user='"+ui->le_Username->text()+"' and passwd='"+ui->le_Pwd->text()+"'";
    query.exec(sql);//查询输入账户和密码的用户数量
    query.next();
    if(query.value(0).toInt()==0){//若数量为0
        QMessageBox::warning(NULL,"登录失败","密码或用户名错误");
        return;
    }
    QDialog *dialog2 = new Dialog2();//进入Dialog2页面
    dialog2->show();
    this->close();
}
```

11）修改主文件“main.cpp”，设置启动默认页面为Dialog3。首先引入头文件“#include "dialog3.h"”，再将程序中原来的“Dialog w;”修改为“Dialog2 w;”。

12）设计完成，运行测试。

任务4　实现用户列表功能

任务描述

本任务进行用户列表功能的实现，如图3-25所示。单击界面中的“用户列表”按

钮，显示用户列表，列表具体要求为：表头显示“账号”“密码”和“注册时间”；当查询的记录数超过3条时，进行分页显示，单击“上一页”和“下一页”按钮，可以翻页。单击“关闭”按钮则隐藏该区域。单击“导出文件”按钮，将用户列表中的数据以文件形式导出，文件名为“user.doc”。

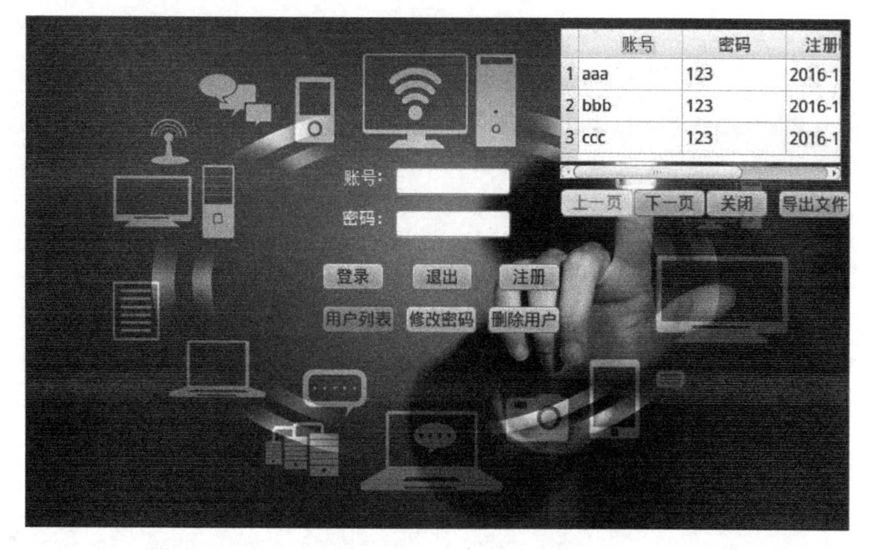

图3-25　项目运行效果

知识准备

1. select语句的高级应用

select语句的标准语法如下：

select 字段列表 from {表名} [where 条件][group by 分组字段] [order by 排序字段][limit 起始记录号,显示记录数]

1）“字段列表”中除了可以使用表中的字段，还可以使用聚合函数。常用的聚合函数见表3-11。

表3-11　常用的聚合函数

函　数　名	说　　明
Avg	求组中的平均值
Count	求组中的项数，返回int型的整数
Max	求项中最大值
Min	求项中最小值
Sum	返回表达式中所有值的和
Var	返回给定表达式中所有值的统计方差

实例1：显示student表中的记录数。

代码：“select count(*) from student;”，运行结果：5。

实例2：显示student表中最大的学生年龄。

代码："select max(age) from student;"，运行结果：18。

2）"where 条件"子句。

① where条件子句的运算符有："="（等于）、">"（大于）、"<"（小于）、">="（大于等于）、"<="（小于等于）、"<>"（不等于）。

实例3：显示student表中不是计算机专业的学生信息。

代码："select * from student where professional<>'计算机';"，运行结果如图3–26所示。

```
2016002|王磊|17|机电|1999-09-10
2015001|周凡|18|会计|1998-11-20
2015002|刘艺|17|机电|1999-01-13
```

图3–26　实例3运行结果

② 范围运算符"between…and"指定了要搜索的一个闭区间。

实例4：显示student表中出生年份在1999年的学生信息。

代码："select * from student where birthday between '1999–01–01' and '1999–12–31';"，运行结果如图3–27所示。

```
2016001|张峰|17|计算机|1999-10-08
2016002|王磊|17|机电|1999-09-10
2015002|刘艺|17|机电|1999-01-13
```

图3–27　实例4运行结果

③ 连接运算符"and"和"or"用于进行两个条件的关联。

实例5：显示student表中机电和会计专业的学生信息。

代码："select * from student where professional='机电' or professional='会计';"，运行结果如图3–28所示。

```
2016002|王磊|17|机电|1999-09-10
2015001|周凡|18|会计|1998-11-20
2015002|刘艺|17|机电|1999-01-13
```

图3–28　实例5运行结果

④ like运算符检验一个包含字符串数据的字段值是否匹配一个指定模式，常用于模糊查询，使用通配符"%"表示一串字符。

实例6：显示student表中姓李的学生信息。

代码："select * from student where name like '李%';"，运行结果如图3–29所示。

```
Enter SQL statements terminated with a ";"
sqlite> select * from student where name like '李%';
2016003|李林|16|计算机|2000-05-09
```

图3–29　实例6运行结果

3）“group by 分组字段”子句指明了按照哪几个字段来分组，其后最多可以带10个字段，排序优先级按从左到右的顺序排列。

实例7：显示student表中各专业的学生数。

代码：“select professional,count(*) from student group by professional;”，运行结果如图3-30所示。

```
sqlite> select professional,count(*) from student group by professional;
会计|1
机电|2
计算机|2
```

图3-30　实例7运行结果

4）“order by 排序字段”子句可按一个或多个（最多16个）字段排序查询结果，可以是升序（ASC），也可以是降序（DESC），默认是升序排序。

实例8：将student表按学生出生日期的降序进行排序。

代码：“select * from student order by birthday desc;”，运行结果如图3-31所示。

```
sqlite> select * from student order by birthday desc;
2016003|李林|16|计算机|2000-05-09
2016001|张峰|17|计算机|1999-10-08
2016002|王磊|17|机电|1999-09-10
2015002|刘艺|17|机电|1999-01-13
2015001|周凡|18|会计|1998-11-20
sqlite> 
```

图3-31　实例8运行结果

5）“limit 起始记录号,显示记录数”子句可进行部分记录的查询，查询的范围为从起始记录号开始，到起始记录号+显示记录数为止。该语句常用于进行分页显示的操作。

实例9：显示student表的第2～4条记录。

代码：“select * from student limit 1,3;”，运行结果如图3-32所示。

```
sqlite> select * from student limit 1,3;
2016002|王磊|17|机电|1999-09-10
2016003|李林|16|计算机|2000-05-09
2015001|周凡|18|会计|1998-11-20
```

图3-32　实例9运行结果

2. Qt中的“Table View”控件

在Qt中，通常使用“Item Views”控件组中的“Table View”控件进行SQLITE数据列表的显示，如图3-33所示。

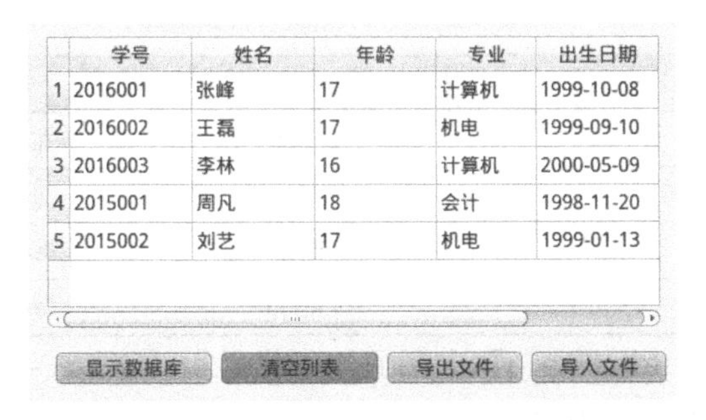

图3-33　Table View显示数据列表

在“Table View”控件上，通过加载“QStandardItemModel”（基本元素模型）的方式，进行数据的显示。因此，在进行数据显示前，先要声明和实例化一个“QStandardItemModel”对象，方法为：“QStandardItemModel *model = new QStandardItemModel();”。常用的QStandardItemModel类的方法如下：

1）void setColumnCount(int)，设置显示列数。例如，“model->setColumnCount(5);”，表示设置显示5列数据。

2）void setHeaderData(int section, Qt::Orientation orientation, const QVariant &value)，设置表头数据。“section”为设置第几位元素，“orientation”为设置位置，一般为“Qt::Horizontal”（表头设置在行）。“value”表示显示的表头数据。例如，“model->setHeaderData(0,Qt::Horizontal,"学号");”表示设置第1列表头为“学号”。

3）void setItem(int row,int column, QStandardItem *item)，设置显示内容。“row”表示行号，“column”表示列号，“item”表示要显示的元素。例如，“model->setItem(0,0,new QStandardItem(“2016001”));”表示设置第0行第0列的数据为2016001。

4）bool removeRows(int row, int count)，移除多行数据。“row”表示移除开始的行号，“count”表示移除行的数量，如“model->removeRows (0,model->rowCount());”表示从第0行开始，数量为model的行数，即移除所有行。

实例10：使用“Table View”控件显示student表的数据，如图3-33所示，单击“显示数据库”按钮，显示所有数据，单击“清空列表”按钮，则清空“Table View”控件的所有数据。

新建项目“Student”，操作步骤如下：

1）在项目文件夹中新建Debug文件夹并将数据库文件“db.db”复制到该文件夹中。设置项目构建目录指向Debug文件夹。

2）页面设计。打开“dialog.ui”界面文件进行控件设计，其控件属性见表3-12。

表3-12　控件的属性设置

控件类型	控件名	属性设置
QDialog	Dialog	宽度：530，高度：300
QTableView	TvStu	
QPushButton	btnShow	text：显示数据库
QPushButton	btnClear	text：清空列表

3）在项目文件“Student.pro”中添加如下代码：“QT +=sql”。设置在“main.cpp”主文件中设置编码格式为“UTF-8”，方法略。

4）在“dialog.h”头文件中引入“QStandardItemModel”头文件，并在“public”区域内声明一个该对象的引用变量，代码如下：

```
QStandardItemModel *model;
```

5）在“dialog.cpp”源文件中引入必要的库文件，代码如下：

```
#include "QSqlDatabase"
#include "QSqlQuery"
```

6）在构造方法中加入如下代码：

```
model= new QStandardItemModel();//实例化QStandardItemModel对象
model->setColumnCount(5);//设置显示列数为5
//设置表头
model->setHeaderData(0,Qt::Horizontal,"学号");
model->setHeaderData(1,Qt::Horizontal,"姓名");
model->setHeaderData(2,Qt::Horizontal,"年龄");
model->setHeaderData(3,Qt::Horizontal,"专业");
model->setHeaderData(4,Qt::Horizontal,"出生日期");
ui->tvStu->setModel(model);//Table View控件加载model模式
QSqlDatabase db = QSqlDatabase::addDatabase("QSQLITE");
db.setDatabaseName("db.db");
db.open();
```

7）打开“dialog.ui”界面文件，右键单击“btnShow”按钮，在弹出的快捷菜单中选择“转到槽”命令，在槽方法中加入如下代码：

```
void Dialog::on_btnShow_clicked()
{
    QSqlQuery query;
    QString sql = "select * from student";
    query.exec(sql);//查询student表中的所有记录
```

```
    int row = 0;
    while(query.next()){//将记录的内容显示在Table View控件中
        model->setItem(row,0,new QStandardItem(query.value(0).toString()));
        model->setItem(row,1,new QStandardItem(query.value(1).toString()));
        model->setItem(row,2,new QStandardItem(query.value(2).toString()));
        model->setItem(row,3,new QStandardItem(query.value(3).toString()));
        model->setItem(row,4,new QStandardItem(query.value(4).toString()));
        row++;
    }
}
```

8）打开“dialog.ui”界面文件，右键单击“btnClear”按钮，在弹出的快捷菜单中选择“转到槽”命令，在槽方法中加入如下代码：

```
void Dialog::on_btnClear_clicked()
{
    model->removeRows(0,model->rowCount());
}
```

实例分析：查询到student表中的数据后，通过循环的方式对表中的记录进行读取。循环条件“query.next()”是指将当前指针下移一行，若下移后本行指针不为空（即本行有记录），则返回为true，循环继续；若本行指针为空，则返回false,跳出当前循环。

3. Qt中文件的操作

Qt提供了QFile类来进行文件处理；使用QFileInfo类获取文件的信息；为了更方便地读写文本文件，Qt还提了QTextStream类；使用QFileDialog类，可以利用对话框的方式设置文件的打开或保存路径。下面就分别介绍一下这些类的用法。

1）QFile类，继承自QIODevice类，是一个操作文件的输入/输出设备。QFile是用来读写二进制文件和文本文件的输入/输出设备。

① QFile类的实例化。

- 在使用QFile类之前先将其引入文件中，代码为“#include "QFile"”。
- 实例化QFile类，方法为：“QFile file(path);”，path为指定的文件路径，该路径可以手动输入，也可通过QFileDialog对话框获取。

② QFile类的常用方法。

- “bool open(OpenMode flags)”：打开文件。参数“OpenMode flags”为文件的操作权限，常用的有“ReadOnly”（只读权限）、“WriteOnly”（只写权限）和“ReadWrite”（读写权限）。例如，“file.open(QFile::ReadOnly);”。

- “void close()”：关闭文件。例如，“file.close();”。
- “bool flush();”：刷新文件。例如，“file.flush();”。

2）QFileInfo类，用于获得文件的信息，如获取文件名、扩展名、文件大小等。

① QFileInfo类的实例化。

- 在使用QFileinfo类之前先将其引入文件中，代码为“#include "QFileInfo"”。
- 实例化QFileinfo类，方法为“QFileInfo info(file);”，其中file是由QFile实例化的一个文件类对象。

② QFileInfo类的常用方法。

- “QString fileName()”：获取文件名。例如，“info.fileName();”。
- “QString path()”：获取文件路径。例如，“info.path();”。
- “QString suffix()”：获取文件扩展名。例如，“info.suffix();”。
- “qint64 size()”：获取文件大小。例如，“info.size();”。

3）QTextStream类，该类提供了使用QIODevice读写文本的基本功能。QTextStream使用流操作符，可以方便地读写单词、行和数字。

① QTextStream类的实例化。

- 在使用QTextStream类之前先将其引入文件中，代码为“#include "QTextStream"”。
- 实例化QTextStream类，方法为“QTextStream stream(&file);”，其中file是由QFile实例化的一个文件类对象。

② QTextStream类的常用方法

- “QString readLine(qint64 maxlen = 0)”：读取文件的一行，同时将行指针下移一行。参数“maxlen”表示文本的最大长度。例如，“stream.readLine();”。
- “bool atEnd()”：判断该行是否为文件的最后一行。例如，“stream.atEnd();”。
- 文件的写入，直接使用“stream<<字符串”的形式。

4）QFileDialog类，使用该类可以调用当前系统的文件对话框，如“打开”或“保存”等，从而获取用户选择的文件路径。由于该类调用对话框基本都是静态方法，因此使用时不用进行实例化。

① QFileDialog类的常用方法。

- “static QString getOpenFileName (QWidget *parent = 0, const QString & caption = QString(), const QString &dir = QString(), const QString &filter = QString(), QString *selectedFilter = 0, Options options = 0)”：“打开文件”对话框，第1个参数parent，用于指定父组件；第2个参数caption，是对话框的标题；第3个参数dir，是对话框显示时默认打开的目录；第4个参数filter，是对话框的扩展名过滤器；多个文件使用空格分隔：如使用“Image Files(*.jpg *.png)”就让它只能显示扩

展名是.jpg或.png的文件；多个过滤使用两个分号分隔：如果需要使用多个过滤器，则使用“;;”进行分隔，如“JPEG Files(*.jpg);;PNG Files(*.png)”；第5个参数selectedFilter，是默认选择的过滤器；第6个参数options，是对话框的一些参数设定，如只显示文件夹等，它的取值是QFileDialog::Option，每个选项可以使用“|”运算组合起来。另外，Qt提供了getOpenFileNames()方法以选择多个文件，其返回值是一个QStringList。

②“static QString getSaveFileName (QWidget *parent = 0, const QString &caption = QString(), const QString &dir = QString(), const QString &filter = QString(), QString *selectedFilter = 0, Options options = 0)”：“保存文件”对话框。参数同文件打开对话框。

实例11：给实例10添加文件导出和导入的功能，界面如图3-33所示。单击“导出文件”按钮，可将student表中的数据以TXT文件格式导出，单击“导入文件”按钮，可将文件数据导入并显示在“tvStu”控件中。

操作步骤如下：

1）打开“dialog.cpp”,引入头文件，代码如下：

```
#include "QFileDialog"
#include "QFile"
#include "QTextStream"
```

2）右键单击“btnExport”按钮，在弹出的快捷菜单中选择“转到槽”命令，在槽方法中加入如下代码：

```
void Dialog::on_btnExport_clicked()
{
        QString fileName = QFileDialog::getSaveFileName(NULL,"文件另存为
","",tr("Config Files (*.txt)"));//弹出“文件另存为”对话框，设置存储路径和文件名
    if (!fileName.isNull())//若文件名合法
    {
        QFile file(fileName);
        file.open(QFile::ReadWrite);//以读写权限打开文件
        QTextStream stream(&file);//对文件设置文本流操作
        QSqlQuery query;
        QString sql = "select * from student";
        query.exec(sql);//查询student表中的所有记录
        int row = 0;
        while(query.next()){//将数据库数据以流的方式存入文件中
```

```
stream<<query.value(0).toString()+","+query.value(1).toString()+","+query.value(2).toString()+","+query.value(3).toString()+","+query.value(4).toString()+"\n";
            row++;
        }
        file.close();//关闭文件
    }
}
```

3）右键单击“btnImport”按钮，在弹出的快捷菜单中选择“转到槽”命令，在槽方法中加入如下代码：

```
void Dialog::on_btnImport_clicked()
{
    QString fileName = QFileDialog::getOpenFileName(NULL,"打开文件","",tr("Config Files (*.txt)"));//弹出“打开文件”对话框，设置打开路径和文件名
    if (!fileName.isNull()){//若文件名合法
        QFile file(fileName);
        file.open(QFile::ReadWrite);//以读写权限打开文件
        QTextStream stream(&file);//对文件设置文本流操作
        int row = 0;
        while(!stream.atEnd()){//若不是文件的末尾
            QString str = stream.readLine();//读取一行数据
            QStringList list = str.split(",");//以“，”为分隔符分隔字符串
            //在TableView控件中显示数据
            model->setItem(row,0,new QStandardItem(list.at(0)));
            model->setItem(row,1,new QStandardItem(list.at(1)));
            model->setItem(row,2,new QStandardItem(list.at(2)));
            model->setItem(row,3,new QStandardItem(list.at(3)));
            model->setItem(row,4,new QStandardItem(list.at(4)));
            row++;
        }
        file.close();//关闭文件
    }
}
```

小知识：QStringList类

QStringList类是字符串列表类，它是QList类的一个子类，类似于一个字符串数组，可以利用下标对列表元素进行操作。

1. QStringList类的实例化

1）在使用QStringList类之前应先将其引入文件中，方法为在“.cpp”文件中加入代码“#include "QStringList"”。

2）实例化QStringList类，实例化的方法为：“QStringList list;”或使用指针方式：“QStringList *list = new QStringList();”。

2. Qstring List类包含许多方法可以便于对字符串列表的操作。常用的方法如下：

1）“void QList<T>::append(const QList<T> &t)”，在字符串列表的最后添加一个QString元素，如“list.append("a");”。

2）“void QList<T>::insert(int i, const T &t)”，在字符串的某个位置插入一个QString元素，如“list.insert (0,"b");”

3）“void QList<T>::removeAt(int i)”，删除某个位置的字符串元素，如“list.removeAt(0);”。

4）“int QList<T>::indexOf(const T &t, int from)”，获取某个字符串在列表中的位置，如“list.indexOf("a"); ”。

5）“T &QList<T>::at(int i)”，获取某个位置的字符串，如“list.at(0);”。

4）设计完成，导出文件如图3-34所示。

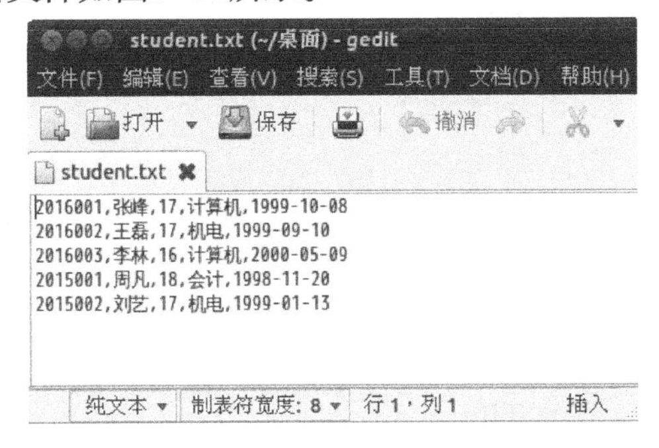

图3-34 导出文件

项目分析：导出文件时，先使用“文件另存为”对话框获取文件的保存路径，使用“QFile”类的“open()”方法将文件以读写权限的方式打开，使用“QTextStream”类的对象将数据以“学号，姓名，年龄，专业，出生日期”的方式写入文件，每条记录之间使用“\n”转义字符进行换行，最后关闭文件。导入文件时，使用“打开文件”对话框获取文件的路径，文件打开后依次读取每一行数据，将每行数据以“，”为分隔符保存在QStringList型列表中，再分别对列表中的数据进行读取，最后关闭文件。

任务实施

1）打开项目“SmartHome”，进入“dialog.ui”界面文件。

2）按图3-25所示修改用户登录界面，控件属性设置见表3-13。

表3-13 控件的属性设置

控件类型	控件名	属性设置
Push Button	btnList	text：用户列表
Widget	wdList	X：515，Y：10 宽度：280，高度：180
Table View（wdList容器内）	tvList	
Push Button（wdList容器内）	btnPrePage	text：上一页
Push Button（wdList容器内）	btnNextPage	text：下一页
Push Button（wdList容器内）	btnClose_1	text：关闭
Push Button（wdList容器内）	btnExport	text：导出文件

3）“用户列表”按钮功能的实现

① 在“dialog3.h”头文件中引入“QStandardItemModel”头文件，并在“public”区域内声明一个该对象的引用变量，代码如下：

```
QStandardItemModel *model;
```

② 打开“dialog3.cpp”源文件，设置两个分页相关的全局变量，代码如下：

```
int userCount = 0;//用户数量
int currentPage = 0;//当前页号
```

③ 接任务3的构造方法，加入如下代码：

```
sql = "select count(*) from Login";
    query.exec(sql);
    query.next();
    userCount = query.value(0).toInt();
ui->wdList->setVisible(false);//设置列表页面不可见
model = new QStandardItemModel();
model->setColumnCount(3);
model->setHeaderData(0,Qt::Horizontal,"账号");
model->setHeaderData(1,Qt::Horizontal,"密码");
model->setHeaderData(2,Qt::Horizontal,"注册时间");
ui->tvList->setModel(model);\\初始化“tvList”控件
```

④ 打开“dialog3.ui”界面文件，右键单击“btnList”按钮，在弹出的快捷菜单中选择“转到槽”命令，在槽方法中加入如下代码：

```
void Dialog3::on_btnList_clicked()
{
    ui->wdList->setVisible(true);
    currentPage = 0;
    if(userCount>3){
        ui->btnNextPage->setEnabled(true);
    }
    QSqlQuery query;
    QString sql = "select * from Login limit 0,3";
    query.exec(sql);
    int row = 0;
    while(query.next()){
        model->setItem(row,0,new QStandardItem(query.value(1).toString()));
        model->setItem(row,1,new QStandardItem(query.value(2).toString()));
        model->setItem(row,2,new QStandardItem(query.value(3).toString()));
        row++;
    }
}
```

4）“上一页”按钮功能的实现。右键单击“btnPrePage”按钮，在弹出的快捷菜单中选择“转到槽”命令，在槽方法中加入如下代码：

```
void Dialog3::on_btnPrePage_clicked()
{
    currentPage--;
    model->removeRows(0,model->rowCount());//移除所有行
    ui->btnNextPage->setEnabled(true);
    if(currentPage==0){
        ui->btnPrePage->setEnabled(false);
    }
    QSqlQuery query;
    QString sql = QString("select * from Login limit %1,3").
arg(currentPage*3);
    query.exec(sql);
    int row = 0;
    while(query.next()){
```

```
        model->setItem(row,0,new QStandardItem(query.value(1).toString()));
        model->setItem(row,1,new QStandardItem(query.value(2).toString()));
        model->setItem(row,2,new QStandardItem(query.value(3).toString()));
        row++;
    }
}
```

5）“下一页”按钮功能的实现。右键单击“btnNextPage”按钮，在弹出的快捷菜单中选择“转到槽”命令，在槽方法中加入如下代码：

```
void Dialog3::on_btnNextPage_clicked()
{
    currentPage++;
    model->removeRows(0,model->rowCount());//移除所有行
    ui->btnPrePage->setEnabled(true);
    if((currentPage+1)*3>=userCount){
        ui->btnNextPage->setEnabled(false);
    }
    QSqlQuery query;
    QString sql = QString("select * from Login limit %1,3").arg(currentPage*3);
    query.exec(sql);
    int row = 0;
    while(query.next()){
        model->setItem(row,0,new QStandardItem(query.value(1).toString()));
        model->setItem(row,1,new QStandardItem(query.value(2).toString()));
        model->setItem(row,2,new QStandardItem(query.value(3).toString()));
        row++;
    }
}
```

6）“关闭”按钮功能的实现。右键单击“btnClose_1”按钮，在弹出的快捷菜单中选择“转到槽”命令，在槽方法中加入如下代码：

```
void Dialog3::on_btnClose_1_clicked()
{
    ui->wdList->setVisible(false);
}
```

7）“导出文件”按钮功能的实现。

① 在“dialog3.cpp”源文件中引入库文件，代码如下：

```
#include "QFile"
#include "QTextStream"
#include "QFileDialog"
```

② 在“dialog3.ui”界面文件中，右键单击“btnExport”按钮，在弹出的快捷菜单中选择“转到槽”命令，在槽方法中加入如下代码：

```
void Dialog3::on_btnExport_clicked()
{
        QString fileName = QFileDialog::getSaveFileName(NULL,"导出文件
","",tr("Config Files (*.txt)"));//弹出“导出文件”对话框，设置文件路径
    if(!fileName.isEmpty()){
        QFile file(fileName);
        file.open(QFile::ReadWrite);
        QTextStream stream(&file);
        QSqlQuery query;
        QString sql = "select * from Login";
        query.exec(sql);
        int row = 0;
        while(query.next()){
                stream<<query.value(0).toString()+","+query.value(1).
toString()+","+query.value(2).toString()+","+query.value(3).toString()+"\n";
            row++;
        }
        file.close();
        QMessageBox::information(NULL,"导出成功","文件导出成功");
    }
}
```

8）设计完成，运行测试。

任务5　实现用户密码修改和删除功能

任务描述

本任务进行用户密码的修改和删除功能的实现，如图3-35所示。

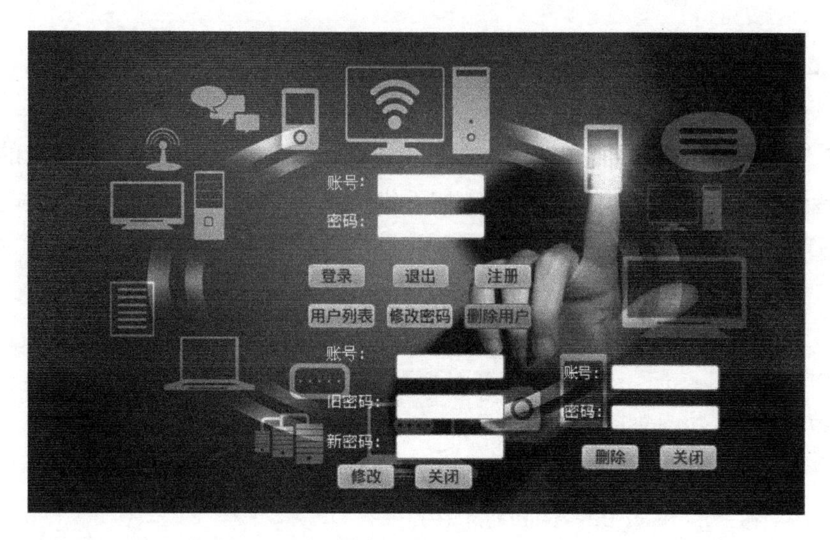

图3-35　项目运行效果

用户单击“修改密码”按钮时弹出密码修改页面，正确输入账号、旧密码及新密码，单击“修改”按钮显示修改成功（账号和密码将在数据库中更新）；当输入的账号不存在或旧密码输入错误时将显示对应的提示信息，如图3-36所示。

图3-36　密码修改页面提示信息

用户单击“删除用户”按钮时弹出用户删除页面，正确输入账号和密码后，单击“删除”按钮显示账户删除成功（同时更新数据库）；当输入的账号不存在或密码输入错误时将显示对应的提示信息，如图3-37所示。

图3-37　用户删除页面提示信息

知识准备

1）修改记录的SQL语句，语法为“update 表名 set 字段1=值，字段2=值… [where 条件]”，当语句中没有“where”条件时，将修改所有记录的对应字段值。

实例1：修改student表中王磊的出生日期为2000-01-20，年龄为16。

代码：“update student set birthday='2000-01-20',age=16 where name='王磊';”，代码执行后查询student表中的记录，运行结果如图3-38所示，王磊信息已更改。

```
sqlite> select * from student;
2016001|张峰|17|计算机|1999-10-08
2016002|王磊|16|机电|2000-01-20
2016003|李林|16|计算机|2000-05-09
2015001|周凡|18|会计|1998-11-20
2015002|刘艺|17|机电|1999-01-13
```

图3-38　实例1运行效果

2）删除记录的SQL语句，语法为“delete from 表名 [where 条件]”，当语句中没有“where”条件时将清空表中所有的记录。

实例2：删除student表中王磊的记录。

代码：“delete from student where name='王磊';”，代码执行后查询student表中的记录，运行结果如图3-39所示，王磊的记录已删除。

```
sqlite> select * from student;
2016001|张峰|17|计算机|1999-10-08
2016003|李林|16|计算机|2000-05-09
2015001|周凡|18|会计|1998-11-20
2015002|刘艺|17|机电|1999-01-13
```

图3-39　实例2运行结果

至此，已将数据库的增、删、查、改的基本语句学习完成，下面将通过一个“手机通讯录”的实例，对数据库的相关操作进行总结。

综合实例：制作一个简单的手机通讯录，能够实现联系人的添加、修改、删除、查询操作。

创建一个项目“Contact”，操作步骤如下：

（1）页面设计

1）“dialog.ui”（联系人列表）页面的设计，如图3-40所示。

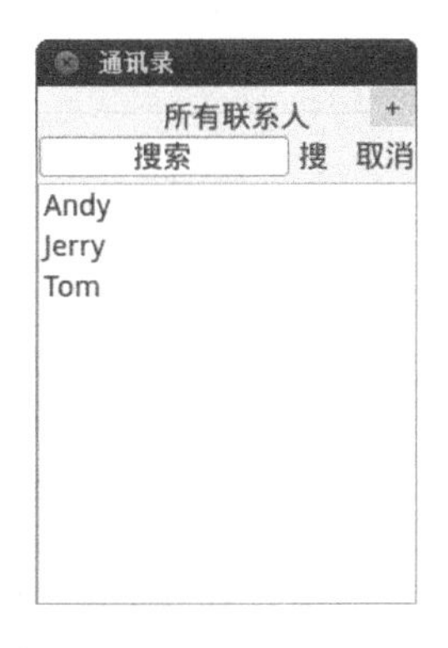

图3-40　联系人列表页面

控件属性设置见表3-14。

表3-14 控件属性设置1

控件类型	控件名	属性设置
QDialog	Dialog	宽度：240，高度：320 window Title：通讯录
QLabel	（默认）	text：所有联系人
QPush Button	btnAdd	text：+，Flat：true
QLine Edit	leSearch	text：+，alignment：Qt::AlignCenter
QPush Button	btnSearch	text：搜，Flat：true
QPush Button	btnCancel	text：取消，Flat：true
QList Widget	lwList	

2）“dialog2.ui”（添加联系人）页面的设计，如图3-41所示。

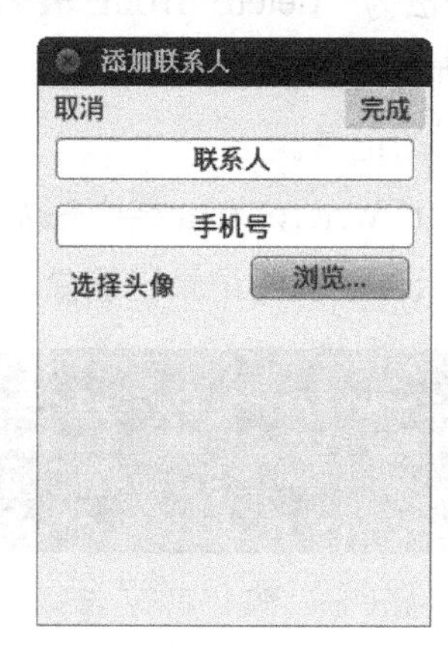

图3-41 添加联系人页面

控件属性设置见表3-15。

表3-15 控件属性设置2

控件类型	控件名	属性设置
QDialog	Dialog2	宽度：240，高度：320 window Title：添加联系人
QLineEdit	leUser	text：联系人，alignment：Qt::AlignCenter
QLineEdit	lePhone	text：手机号，alignment：Qt::AlignCenter
QPush Button	btnCancel	text：取消，Flat：true
QPush Button	btnOk	text：完成，Flat：true
QLabel	（默认）	text：选择头像
QPush Button	btnBrow	text：浏览
QLabel	lblShow	X：40，Y：140 宽度：150，高度：150 text：空

3）“dialog3.ui”（联系人信息）页面的设计，如图3-42所示。

图3-42 联系人信息页面

控件属性设置见表3-16。

表3-16 控件属性设置3

控件类型	控件名	属性设置
QDialog	Dialog3	宽度：240，高度：320 window Title：联系人信息
QPush Button	btnAll	text：<所有联系人，Flat：true
QPush Button	btnEdit	text：编辑，Flat：true
QLabel	lblShow	X：10，Y：10 宽度：60，高度：60 text：空
QLabel	lblUser	text：空
QLabel	（默认）	text：手机号
QLabel	lblPhone	text：空
QLabel	（默认）	text：创建时间
QLabel	lblDate	text：空

4）"dialog4.ui"（编辑联系人）页面的设计，如图3-43所示。

图3-43 编辑联系人页面

控件属性设置见表3-17。

表3-17　控件属性设置4

控件类型	控件名	属性设置
QDialog	Dialog4	宽度：240，高度：320
QPush Button	btnCancel	text：取消，Flat：true
QPush Button	btnSave	text：保存，Flat：true
QLabel	lblUser	text：空
QLineEdit	lePhone	text：空
QLabel	（默认）	text：选择头像
QPush Button	btnBrow	text：浏览
QLabel	lblShow	X：40，Y：130 宽度：150，高度：150 text：空
QPush Button	btnDel	text：删除联系人，Flat：true

（2）数据库的设计与创建

1）设计一个contact表保存联系人的信息，其字段的属性见表3-18。

表3-18　contact表的字段属性

字段名	字段类型	字段长度	是否主键
id	integer	默认	是
user（联系人）	varchar	20	否
phone（手机号）	varchar	20	否
imgPath（头像路径）	varchar	50	否
createTime（创建时间）	datetime	默认	否

2）在“main.cpp”主文件中加入如下代码：

```
#include "QTextCodec"
#include "QSqlDatabase"
#include "QSqlQuery"
int main(int argc, char *argv[])
{
    QApplication a(argc, argv);
    QTextCodec::setCodecForCStrings(QTextCodec::codecForName("UTF-8"));
    QSqlDatabase db = QSqlDatabase::addDatabase("QSQLITE");
    db.setDatabaseName("db.db");
    db.open();
    QSqlQuery query;
    QString sql = "create table if not exists contact (id integer primary key autoincrement,user varchar(20),phone varchar(20),imgPath varchar(50),createTime datetime)";
```

```
    query.exec(sql);
    Dialog w;
    w.show();
    return a.exec();
}
```

(3) 添加联系人页面功能的实现

1) 为“联系人”和“手机号”文本框添加“获取焦点”和“失去焦点”事件，当文本框控件为编辑状态（焦点）时，文本框变为空值；失去焦点后，若文本框控件为空，则文本框值变回原状态。操作步骤如下：

① 打开“dialog2.h”头文件，在“private slots”区域声明事件过滤器的方法，代码如下：

```
bool eventFilter(QObject *, QEvent *);
```

② 打开“dialog2.cpp”头文件，在构造方法中，为“leUser”和“lePhone”添加事件过滤器，代码如下：

```
ui->leUser->installEventFilter(this);
ui->lePhone->installEventFilter(this);
```

③ 自定义事件过滤器方法，代码如下：

```
bool Dialog2::eventFilter(QObject *o, QEvent *e){
    if(e->type()==QEvent::FocusIn){//当控件事件为获取焦点时
        if(o->objectName()=="leUser"&&ui->leUser->text()=="联系人"){//若控件为leUser并且文本为“联系人”时
            ui->leUser->clear();
        }
        if(o->objectName()=="lePhone"&&ui->lePhone->text()=="手机号"){//若控件为lePhone并且文本为“手机号”时
            ui->lePhone->clear();
        }
    }
    if(e->type()==QEvent::FocusOut){ //当控件事件为失去焦点时
        if(o->objectName()=="leUser"){
            if(ui->leUser->text().isEmpty()){//若leUser文本为空
                ui->leUser->setText("联系人");
            }
        }
```

```
            if(o->objectName()=="lePhone"){
                if(ui->lePhone->text().isEmpty()){//若lePhone文本为空
                    ui->lePhone->setText("手机号");
                }
            }
        }
    return QDialog::eventFilter(o,e);
}
```

代码分析：由于QLine Edit控件本身没有获取和失去焦点的槽方法，因此，必须利用控件安装事件过滤器的方法进行事件监听，方法参数中“QObject”为对象类，指被监听监听的控件，“QEvent”为事件类，指被监听的事件。当控件将听到“FocusIn”（获取焦点）或“FocusOut”（失去焦点）时进行相应操作。

2）“浏览”按钮功能的实现。通过单击“浏览”按钮，打开“选择头像”对话框，用户进行头像选择并上传，同时将头像在“lblShow”控件中显示。操作步骤如下：

① 在“dialog2.h”头文件中的“public”区域内声明fileName属性存放上传后的文件名，代码如下：

```
QString fileName;
```

② 在“dialog2.cpp”源文件中引入相应的库文件，代码如下：

```
#include "QDateTime"
#include "QFile"
#include "QFileDialog"
#include "QImage"
#include "QPixmap"
#include "QFileInfo"
```

③ 打开“dialog2.ui”界面文件，右键单击“btnBrow”控件，在弹出的快捷菜单中选择“转到槽”命令，在槽方法中加入如下代码：

```
void Dialog2::on_btnBrow_clicked()
{
        QString path = QFileDialog::getOpenFileName(NULL,"选择头像","tr(Images (*.png *.bmp *.jpg *.tif *.GIF ))");//“选择头像”对话框获取图片文件路径
    if(!path.isEmpty()){
        QFile file(path);
        QFileInfo info(file);//通过QFileInfo获取文件信息
```

```
        if(info.size()>50000){//若文件大于50KB
            QMessageBox::warning(NULL,"导入失败","图片太大");
            return;
        }
        QString suf = info.suffix();//获取文件扩展名
        fileName = QString("./Image/%1.%2").arg(random()).arg(suf);//设置保存文件的路径及文件名
        file.copy(fileName);//复制文件至存放目录
        QImage *image = new QImage();
        image->load(fileName);//获取图片文件
        QImage *imageScale = new QImage();
        *imageScale = image->scaled(150,150,Qt::KeepAspectRatio);//图片拉伸
        ui->lblShow->setPixmap(QPixmap::fromImage(*imageScale));//显示图片
    }
}
```

代码分析：利用文件打开窗口将头像图片的路径存入path变量中，使用QFile类将其实例化为文件对象file，再使用QFileInfo类将文件实例化为文件信息对象info，通过“size()”方法对文件的大小进行限制，用户只能上传小于50KB的图像文件。在构造目录中创建“Image”文件夹用于存放用户上传的头像，对于用户上传的文件以“随机数+源文件扩展名”的方式进行命名，使用file对象的“copy()”方法将原文件以新文件名的方式存入“Image”文件夹中。最后，将上传的图片在“lblShow”控件中显示，使用“scaled()”方法对图片进行拉伸。

3）“完成”按钮功能的实现。用户单击“完成”按钮，将输入的信息保存至数据库中，同时返回列表页面。操作步骤如下：

① 在“dialog2.cpp”源文件中引入相应的库文件，代码如下：

```
#include "QRegExp"
#include "dialog.h"
```

小知识：正则表达式（Regular Expression）

正则表达式是对字符串操作的一种逻辑公式，即使用一些特定的字符组合成一个“规则”字符串，再利用这个“规则”进行目标字符串的验证、查找、分割等操作，这个“规则”字符串被称为正则表达式。绝大多数程序设计语言都提供对正则表达式的支持。Qt中使用QRegExp类对正则表达式进行操作。

1．正则表达式的写法

正则表达式的常用表示方法和匹配的目标字符串见表3-19。

表3-19　正则表达式的常用表示方法

正则表达式中的字符	匹配目标字符串中的字符
a	a
abc	abc
[abc]	a，b，c中的任意一个字符
[a-zA-Z]	一个英文字符
\d	一个数字
\w	一个字符
\s	一个空白字符
.	任意一个字符
(ab)?	ab字符出现过0次或1次
(ab)*	ab字符出现过0次或多次
(ab)+	ab字符出现过1次或多次
(ab){2}	ab字符出现过2次
(ab){2,4}	ab字符出现过2次或4次

2．QRegExp类的使用

（1）QRegExp类的实例化

a）在使用QRegExp类之前应先将其引入文件中，方法为在“.cpp”文件中加入代码“#include "QRegExp"”。

b）实例化QRegExp类，实例化的方法为：“QRegExp reg(QString exp);”，其中参数“exp”为正则表达式。例如，“QRegExp reg("\d*");”。

（2）QRegExp类的常用方法

“bool exactMatch(const QString &str)”：对目标文本与正则表达式进行匹配，若匹配成功则返回true，否则返回false。例如，“re.exactMatch("123")”，则返回值为true。

② 打开“dialog2.ui”界面文件，右键单击“btnOk”控件，在弹出的快捷菜单中选择“转到槽”命令，在槽方法中加入如下代码：

```
void Dialog2::on_btnOk_clicked()
{
    QRegExp re("1[3,5,8]\\d{9}");//使用正则表达式判断手机号格式
    if(!re.exactMatch(ui->lePhone->text())){
        QMessageBox::warning(NULL,"添加失败","手机号格式错误！");
        return;
```

```
    }
    QSqlQuery query;
    QString sql = "select count(*) from contact where user='"+ui->leUser->text()+"'";
    query.exec(sql);//判断联系人是否存在
    query.next();
    if(query.value(0).toInt()!=0){
        QMessageBox::warning(NULL,"添加失败","已存在的联系");
        return;
    }
    sql = "insert into contact values (null,'"+ui->leUser->text()+"','"+ui->lePhone->text()+"','"+this->fileName+"','"+QDateTime::currentDateTime().toString("yyyy-MM-dd HH:mm:ss")+"')";
    query.exec(sql);//保存联系人
    QMessageBox::information(NULL,"添加成功","联系人已添加");
    QDialog *dialog = new Dialog();
    dialog->show();
    this->close();
}
```

代码分析：首先，使用正则表达式判断用户输入的手机号格式是否正确。然后，通过查询数据库中联系人的数量判断该联系人是否存在。最后，使用insert语句将联系人信息存入数据库中，并返回至用户列表窗口。

4）“取消”按钮功能的实现，用户通过单击“取消”按钮，直接返回列表页面。在“btnCancel”控件的槽方法中加入如下代码：

```
void Dialog2::on_btnCancel_clicked()
{
    QDialog *dialog = new Dialog();
    dialog->show();
    this->close();
}
```

(4) 联系人列表页面功能的实现

1）联系人列表显示功能的实现。在“lwList”控件中显示已添加用户的名字。单击用户名可进入“Dialog3”联系人信息页面。操作步骤如下：

① 在“dialog.cpp”源文件中引入必要的库文件和头文件，代码如下：

```
#include "dialog2.h"
#include "dialog3.h"
#include "QSqlQuery"
#include "QMessageBox"
```

② 在构造方法中初始化“lwList”控件，代码如下：

```
QSqlQuery query;
QString sql = "select * from contact order by id desc";
query.exec(sql);
while(query.next()){
    ui->lwList->addItem(query.value(1).toString());
}
```

代码分析：将表中所有记录按id降序进行查询，使用“lwList”控件的“addItem()”方法将记录的User字段进行显示。

③ 在“dialog.ui”界面文件中右键单击“lwList”控件，在弹出的快捷菜单中选择“转到槽”命令，在槽方法中加入如下代码：

```
void Dialog::on_lwList_itemClicked(QListWidgetItem *item)
{
    Dialog3 *dialog3 = new Dialog3(item->text());
    dialog3->show();
    this->hide();
}
```

代码分析：使用“lwList”的“itemClicked()”方法进行对用户单击列表控件的响应。由于要打开对应的联系人信息，因此这里将单击的联系人文本“item->text()”以构造方法的形式传入“Dialog3”页面。这时，需要对“Dialog3”页面构造方法的参数进行修改：将“dialog3.h”头文件的构造方法声明改为“explicit Dialog3(QString user,QWidget *parent = 0);”，将“dialog3.cpp”源文件构造方法名改为“Dialog3::Dialog3(QString user,QWidget * parent)…”。

2）搜索功能的实现。用户在“leSearch”中输入要搜索的用户名或用户名的一部分，单击“搜”按钮，在“lwList”控件中显示搜索结果列表，单击“取消”按钮，“lwList”控件返回初始状态。操作步骤如下：

① 为“搜索”文本框添加“获取焦点”和“失去焦点”事件，方法略。自定义事件监听方法，在“dialog.cpp”源文件中加入如下代码：

```
bool Dialog::eventFilter(QObject *o, QEvent *e){
    if(e->type()==QEvent::FocusIn){
```

```
        if(ui->leSearch->text()=="搜索"){
            ui->leSearch->clear();
        }
    }
    if(e->type()==QEvent::FocusOut){
        if(ui->leSearch->text().isEmpty()){
            ui->leSearch->setText("搜索");
        }
    }
    return QDialog::eventFilter(o,e);
}
```

② 在“dialog.ui”界面文件中右键单击“btnSearch”控件，在弹出的快捷菜单中选择“转到槽”命令，在槽方法中加入如下代码：

```
void Dialog::on_btnSearch_clicked()
{
    ui->lwList->clear();//清空列表数据
    QSqlQuery query;
    QString sql = "select * from contact where user like '%"+ui->leSearch->text()+"%' order by id desc";//模糊查询
    query.exec(sql);
    while(query.next()){
        ui->lwList->addItem(query.value(1).toString());
    }
}
```

代码分析：现将“lwList”控件列表数据清空，再使用模糊查询的方式对用户名字段进行查询，将查询结果在“lwList”控件中显示。

③ 在“dialog.ui”界面文件中右键单击“btnCancel”控件，在弹出的快捷菜单中选择“转到槽”命令，在槽方法中加入如下代码：

```
void Dialog::on_btnCancel_clicked()
{
    ui->lwList->clear();//清空lwList列表
    QSqlQuery query;
    QString sql = "select * from contact order by id desc";
    query.exec(sql);//查询contact表中的所有记录
```

```
    while(query.next()){
        ui->lwList->addItem(query.value(1).toString());
    }
}
```

3）“btnAdd”按钮功能的实现。通过单击“btnAdd”按钮，进入添加联系人页面。在“btnAdd”控件的槽方法中加入如下代码：

```
void Dialog::on_btnAdd_clicked()
{
    QDialog *dialog2 = new Dialog2();
    dialog2->show();
    this->close();
}
```

（5）联系人信息页面功能的实现

1）联系人信息的显示。在页面中显示联系人、手机号、头像和创建时间的信息。操作步骤如下：

① 在“dialog3.h”头文件的“public”区域声明声明fileName属性以存储联系人姓名，代码如下：

```
QString user;
```

② 在“dialog3.cpp”源文件中，引入必要的库文件和头文件，代码如下：

```
#include "dialog.h"
#include "QSqlQuery"
#include "dialog4.h"
#include "QImage"
#include "QPixmap"
```

③ 在构造方法中进行联系人信息的显示，代码如下：

```
this->user = user;
    QSqlQuery query;
    QString sql = "select * from contact where user='"+this->user+"'";
    query.exec(sql);
    query.next();
    QImage *image = new QImage();
    image->load(query.value(3).toString());
    QImage *imageScale = new QImage();
    *imageScale = image->scaled(60,60,Qt::KeepAspectRatio);
    ui->lblShow->setPixmap(QPixmap::fromImage(*imageScale));
    ui->lblUser->setText(query.value(1).toString());
```

```
    ui->lblPhone->setText(query.value(2).toString());
    ui->lblDate->setText(query.value(4).toString());
```

代码分析：利用“Dialog”页面传入的参数“user”对contact表进行查找，找到user对应的联系人信息，将其显示在对应的控件上。

2）“编辑”按钮功能的实现，单击“编辑”按钮，根据该联系人的信息进入“Dialog4”编辑联系人页面。操作步骤如下：

① 修改“dialog4.h”头文件中“public”区域的构造方法，代码如下：

```
explicit Dialog4(QString user,QWidget *parent = 0);
```

② 修改“dialog4.cpp”源文件中的构造方法参数，代码如下：

```
Dialog4::Dialog4(QString user,QWidget *parent):…
```

③ 打开“dialog3.ui”界面文件，右键单击“btnEdit”控件，在弹出的快捷菜单中选择“转到槽”命令，在槽方法中加入如下代码：

```
void Dialog3::on_btnEdit_clicked()
{
    Dialog4 *dialog4 = new Dialog4(this->user);
    dialog4->show();
    this->close();
}
```

3）“所有联系人”按钮功能的实现，单击“所有联系人”按钮将返回联系人列表页面。在“btnAll”控件的槽方法中加入如下代码：

```
void Dialog3::on_btnAll_clicked()
{
    QDialog *dialog = new Dialog();
    dialog->show();
    this->close();
}
```

（6）编辑联系人页面功能的实现

1）联系人信息的显示。在页面中显示联系人、手机号和头像的信息，用户可对手机号和头像进行编辑。操作步骤如下：

① 在“dialog4.h”头文件的“public”区域声明user、phone、imgPath属性以存储联系人姓名，代码如下：

```
QString user,phone,imgPath;
```

② 在“dialog4.cpp”源文件中引入必要的库文件和头文件，代码如下：

```
#include "dialog3.h"
```

```
#include "dialog.h"
#include "QSqlQuery"
#include "QMessageBox"
#include "QFile"
#include "QFileDialog"
#include "QImage"
#include "QPixmap"
#include "QFileInfo"
#include "QRegExp"
```

③ 在构造方法中进行联系人信息的显示，代码如下：

```
QSqlQuery query;
    QString sql = "select * from contact where user='"+user+"'";
    query.exec(sql);
    query.next();
    this->user = query.value(1).toString();
    this->phone = query.value(2).toString();
    this->imgPath = query.value(3).toString();
    ui->lblUser->setText(this->user);
    ui->lePhone->setText(this->phone);
    QImage *image = new QImage();
    image->load(this->imgPath);
    QImage *imageScale = new QImage();
    *imageScale = image->scaled(150,150,Qt::KeepAspectRatio);
ui->lblShow->setPixmap(QPixmap::fromImage(*imageScale));
```

2）“浏览”按钮功能的实现。通过单击“浏览”按钮，用户重新对头像进行选择。在“btnBrow”控件的槽方法中加入如下代码：

```
void Dialog4::on_btnBrow_clicked()
{
        QString path = QFileDialog::getOpenFileName(NULL,"导入图片
","tr(Images (*.png *.bmp *.jpg *.tif *.GIF ))");
    if(!path.isEmpty()){
        QFile file(path);
        QFileInfo info(file);
        if(info.size()>50000){
```

```
            QMessageBox::warning(NULL,"导入失败","图片太大");
            return;
        }
        QString suf = info.suffix();
        this->imgPath = QString("./Image/%1.%2").arg(random()).arg(suf);
        file.copy(this->imgPath);
        QImage *image = new QImage();
        image->load(this->imgPath);
        QImage *imageScale = new QImage();
        *imageScale = image->scaled(150,150,Qt::KeepAspectRatio);
        ui->lblShow->setPixmap(QPixmap::fromImage(*imageScale));
    }
}
```

3）“保存”按钮功能的实现。单击保存按钮，可以对用户的资料进行修改。在“btnUpdate”控件的槽方法中加入如下代码：

```
void Dialog4::on_btnUpdate_clicked()
{
    QRegExp re("1[3,5,8]\\d{9}");
    if(!re.exactMatch(ui->lePhone->text())){
        QMessageBox::warning(NULL,"修改失败","手机号格式错误！");
        return;
    }
    QSqlQuery query;
     QString sql = "update contact set phone = '"+ui->lePhone->text()+"',imgPath='"+this->imgPath+"' where user = '"+this->user+"'";
    query.exec(sql);
    QMessageBox::information(NULL,"修改成功","联系人已修改");
    Dialog3 *dialog3 = new Dialog3(this->user);
    dialog3->show();
    this->close();
}
```

4）“取消”按钮功能的实现。单击“取消”按钮，将直接返回“Dialog3”页面。在“btnCancel”控件的槽方法中加入如下代码：

```
Dialog3 *dialog3 = new Dialog3(this->user);
```

```
dialog3->show();
this->close();
```

5）“删除联系人”按钮功能的实现。单击“删除联系人”按钮，将弹出“删除联系人”对话框，询问用户是否确定删除该联系人，若单击“确定”按钮则删除该联系人。在“btnDel”控件的槽方法中加入如下代码：

```
void Dialog4::on_btnDel_clicked()
{
    if(QMessageBox::warning(NULL,"删除联系人","你确定要删除吗?",QMessageBox::Yes,QMessageBox::No)==16384){//单击“确定”按钮的返回值为16384
        QSqlQuery query;
        QString sql = "delete from contact where user = '"+this->user+"'";
        query.exec(sql);
        QMessageBox::warning(NULL,"删除联系人","联系人已删除");
        QDialog *dialog = new Dialog();
        dialog->show();
        this->close();
    }
}
```

任务实施

1）打开项目“SmartHome”，进入“dialog3.ui”界面文件。

2）按图3-35所示修改用户登录界面，控件属性设置见表3-20。

表3-20　控件的属性设置

控件类型	控件名	属性设置
QWidget	wdUpdate	X：280，Y:290 宽度：250，高度：160
QLabel（wdUpdate容器内）	（默认）	text：账号
QLine Edit（wdUpdate容器内）	le_UUsername	
QLabel（wdUpdate容器内）	（默认）	text：旧密码
QLine Edit（wdUpdate容器内）	le_UPwd	
QLabel（wdUpdate容器内）	（默认）	text：新密码
QLine Edit（wdUpdate容器内）	le_UPwd_2	

（续）

控件类型	控件名	属性设置
QPush Button（wdUpdate容器内）	btnUpdate	text：修改
QPush Button（wdUpdate容器内）	btnClose_2	text：关闭
QWidget	wdDelete	X：540，Y:290 宽度：250，高度：160
QLabel（wdDelete容器内）	（默认）	text：账号
QLine Edit（wdDelete容器内）	le_DUsername	
QLabel（wdDelete容器内）	（默认）	text：密码
QLine Edit（wdDelete容器内）	le_DPwd	
QPush Button（wdDelete容器内）	btnDelete	text：删除
QPush Button（wdDelete容器内）	btnClose_3	text：关闭

3）在“dialog3.cpp”源文件的构造方法中，将“wdWidget”和“wdDelte”的初始状态设为不可见，代码如下：

```
ui->wdUpdate->setVisible(false);//设置修改页面不可见
ui->wdDelete->setVisible(false);//设置删除页面不可见
```

4）“修改密码”功能的实现。单击“修改密码”按钮，将显示“wdUpdate”控件。在“btnChangePwd”控件的槽方法中加入如下代码：

```
void Dialog3::on_btnChangePwd_clicked()
{
    ui->wdUpdate->setVisible(true);
}
```

5）“修改”按钮功能的实现。单击“修改”按钮，将该账户的旧密码改为新密码。在“btnUpdate”控件的槽方法中加入如下代码：

```
void Dialog3::on_btnUpdate_clicked()
{
     if(ui->le_UUsername->text().isEmpty()||ui->le_UPwd->text().isEmpty()||
ui->le_UPwd_2->text().isEmpty()){//若输入的信息不完整
        QMessageBox::warning(NULL,"密码修改失败","请完善修改信息");
        return;
    }
    QSqlQuery query;
     QString sql = "select count(*) from Login where user='"+ui->le_
```

```
UUsername->text()+"'";
        query.exec(sql);
        query.next();
        if(query.value(0).toInt()==0){//查询账户数量为0
            QMessageBox::warning(NULL,"密码修改失败","无此用户");
            return;
        }
         sql = "select count(*) from Login where user='"+ui->le_UUsername->text()+"' and passwd='"+ui->le_UPwd->text()+"'";
        query.exec(sql);
        query.next();
        if(query.value(0).toInt()==0){//查询账户数量为0
            QMessageBox::warning(NULL,"密码修改失败","旧密码错误");
            return;
        }
         sql = "update Login set passwd='"+ui->le_UPwd_2->text()+"' where user='"+ui->le_UUsername->text()+"'";
        if(query.exec(sql)){
            QMessageBox::information(NULL,"修改成功","密码修改成功");
        }
    }
```

6）“关闭”按钮功能的实现。单击“关闭”按钮将隐藏“wdUpdate”控件，在“btnClose_2”控件的槽方法中加入如下代码：

```
void Dialog3::on_btnClose_2_clicked()
{
    ui->wdUpdate->setVisible(false);
}
```

7）“删除用户”按钮功能的实现。单击“删除用户”按钮，将显示“wdDelete”控件。在“btnDelUser”控件的槽方法中加入如下代码：

```
void Dialog3::on_btnDelUser_clicked()
{
    ui->wdDelete->setVisible(true);
}
```

8）“删除”按钮功能的实现。单击“删除”按钮，将输入的账户删除。在“btnDelete”控件的槽方法中加入如下代码：

```
void Dialog3::on_btnDelete_clicked()
{
    if(ui->le_DUsername->text().isEmpty()||ui->le_DPwd->text().isEmpty()){
        QMessageBox::warning(NULL,"删除失败","请完善用户信息");
        return;
                                    }
    QSqlQuery query;
     QString sql = "select count(*) from Login where user='"+ui->le_
DUsername->text()+"' and passwd='"+ui->le_DPwd->text()+"'";
    query.exec(sql);
    query.next();
    if(query.value(0).toInt()==0){//查询账户数量为0
        QMessageBox::warning(NULL,"删除失败","用户名或密码错误");
        return;
    }
    sql = "delete from Login where user='"+ui->le_DUsername->text()+"'";
    if(query.exec(sql)){
        QMessageBox::information(NULL,"删除成功","用户删除成功");
        ui->le_DUsername->clear();//清空文本框
        ui->le_DPwd->clear();
    }
}
```

9）“关闭”按钮功能的实现。单击“关闭”按钮将隐藏“wdDelete”控件。在“btnClose_3”控件的槽方法中加入如下代码：

```
void Dialog3::on_btnClose_3_clicked()
{
    ui->wdDelete->setVisible(false);
}
```

10）设计完成，运行测试。

任务6 实现自定义模式中保存和读取功能

任务描述

本任务实现自定义模式下保存和读取的功能，如图3-44所示。用户输入条件和阈值，选择要控制的设备，选择模式号（最多可保存3组模式），单击“保存”按钮保存当前的设置。单击“读取”按钮，根据模式号将设置模式的条件、阈值和控制设备进行读取，并显示在页面中。

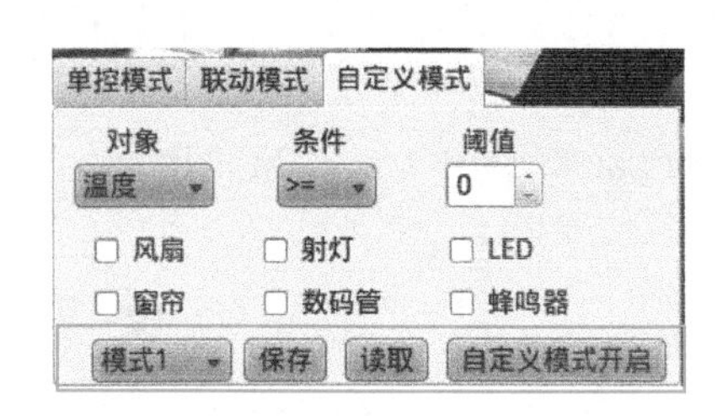

图3-44 项目运行效果

知识准备

本任务中需要对多组数据进行保存，在前面的学习中，是利用变量的方式对数据进行保存的。而在本任务中需要存储大量的数据（每组9个数据，共3组），这样要声明27个变量进行数据的记录，不仅声明变量非常烦琐，而且变量的使用也会有很多问题。为了解决这个问题，可以使用数组的方式对这些数据进行分组记录。这样利用一个数组就可以解决。

1. 数组的概念

数组（Array）是一组具有相同名称的变量的集合，它的每个元素具有相同的数据类型。数组中的每一个变量使用相同的数组名，但使用不同的唯一标识。

2. 数组的声明

在Qt中数组声明的语法格式为：“数据类型 数组名[数组长度]”。示例如下：

```
QString[5] names；
int ages[3]；
```

示例分别表示定义了一个数据类型为“QString”、长度为5的数组和数据类型为“int”、长度为3的数组。

3．数组的赋值

与变量赋值相同，数组的赋值可以在声明时赋值，也可以在使用时赋值。例如：

```
int ages[3] = {10,15,20};
ages[0] = 30;
```

第1个为数组声明时赋值，使用“{值1，值2，…，值n}”的方式对每一个数组元素进行赋值，第2个为数组使用时赋值，使用“数组名[下标]=值”的方式，为数组的某个元素赋值。这里需要注意的是，数组的下标是从0开始的，即数组的第1个元素下标为0，最后1个元素为n−1。

4．数组的遍历

由于数组的下标的连续性，故通常与数组相关的操作可能结合循环语句来完成。使用循环的方法逐一对数组的元素进行访问的操作称为数组的遍历。例如：

```
for(int i=0;i<3;i++){
    ages[i]的操作;
}
```

以上为对“ages[3]”数组的遍历访问，每次循环访问的元素为“ages[i]”。

5．二维数组

二维数组本质上是以数组作为数组元素的数组，即“数组的数组”。二维数组的声明方式为“数据类型 数组名[m][n]”，如“int arr[3][4]”，表示声明了一个数据类型为int型的3行4列的二维数组。对于二维数组的操作需要提供其行号和列号，如设置“arr”数组第3行第2列的值为1，可以利用“arr[2][1] =1”来赋值。

实例1：声明并初始化一个数组，对数组中的元素进行从小到大的排序。操作步骤如下：

1）创建项目“Test”。

2）在构造方法中输入如下代码：

```
int arr[5] = {5,2,1,4,3};//定义一个数组
    for(int i=1;i<5;i++){//排序操作
        for(int j=0;j<5-i;j++){
            if(arr[j]>arr[j+1]){
                int a = arr[j];
                arr[j] = arr[j+1];
                arr[j+1] = a;
            }
```

```
        }
    }
    qDebug()<<"数组排序后为：";
        for(int i=0;i<5;i++){//显示排序后的数组
            qDebug()<<arr[i];
    }
```

3）设计完成，运行后在“应用程序输出”窗口中会打印排序后的数组，效果如图3-45所示。

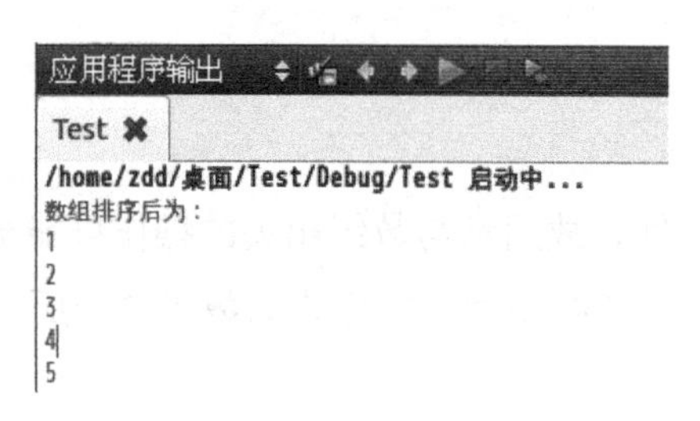

图3-45　运行效果

实例分析：本例使用经典的“冒泡排序算法”实现对数组的排序。首先定义一个长度为5的整形数组{5，2，1，4，3}，元素初始为无序状态。冒泡法排序的原理为：先进行第1轮比较，首先拿第1个数和第2个数比较 ，如果第1个数大于第2个数，则把两个数位置交换，否则不交换。再使用第2个数和第3个数比较，以此类推，比较完4次后，最后1位是最大的“5”。再按此规则进行第2轮，比较完3次后，倒数第2位是第二大的“4”。按照此方法进行4轮后，把“2、3、4、5”的顺序已经排好，最小的“1”肯定是在第1位，无须比较了。依据这个原理，使用两个循环的方式进行实现。外层循环“for (int i=1;i<5;i++)”为比较的轮数，内层循环“for (int j=0;j<5-i;j++)”为每轮比较的次数，由于每轮比较的次数不同，因此使用“j<5-i”条件控制循环次数。排序完成后，使用数组遍历的方法将数组中的元素打印出来。

实例2：系统作为彩票双色球生成器，模拟机选一注双色球的彩票号码，如图3-46所示。单击“抽奖”按钮后，从“01”到“32”随机选择出6个数字作为红色球且这6个数字不能重复，并从“01”到“07”随机选择1个数字作为蓝色球；7个数字合到一起作为一注双色球彩票的号码。

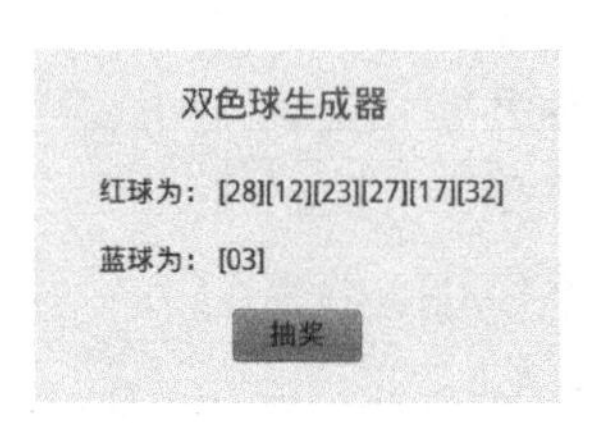

图3-46　项目运行效果

创建一个项目“ColorBall”，操作步骤如下：

1）页面设计。打开“dialog.ui”界面文件进行控件设计，控件属性见表3-21。

表3-21　控件的属性设置

控件类型	控件名	属性设置
QDialog	Dialog	宽度：400，高度：260 font：16pt "文泉驿微米黑";
QLabel	（默认）	text：双色球生成器 color：红色
QLabel	（默认）	text：红球为：
QLabel	（默认）	text：蓝球为：
QLabel	lblRedBall	
QLabel	lblBlueBall	
QPushButton	btnCj	text：抽奖

2）“抽奖”按钮功能的实现。单击“抽奖”按钮进行红球和蓝球的随机抽取，在“btnCj”的槽方法中输入如下代码：

```
void Dialog::on_btnCj_clicked()
{
    QString RED_BALLS[] = { "01", "02", "03", "04", "05", "06", "07", "08"," 09", "10", "11", "12", "13", "14", "15", "16", "17"," 18"," 19", "20", "21", "22", "23", "24", "25", "26", "27","28","29", "30", "31", "32" };//红球数组
    QString BLUE_BALLS[] = { "01", "02", "03", "04", "05", "06", "07" };//蓝球数组
    bool redFlags[32];//标记该球是否选中
    QString redBalls[6];//存放抽中的红球
    for(int i=0;i<6;i++){//抽红球
        int index;
        do{
            index = random()%32;
        }while(redFlags[index]);
        redFlags[index] = true;
        redBalls[i] = RED_BALLS[index];
    }
    QString str;
    for(int i=0;i<6;i++){//遍历抽中红球的数组
        str += "[ "+redBalls[i]+" ]";
```

```
    }
    ui->lblRedBall->setText(str);//显示抽中的红球
    int index = random()%7;
    ui->lblBlueBall->setText("["+BLUE_BALLS[index]+"]");//显示抽中的蓝球
}
```

实例分析：系统使用一个字符串数组存放所有的红球，通过另外一个字符串数组存放所有的蓝球，并定义一个与红球数组大小一样的bool类型的数组，标识红球是否已经被选中，并定义一个数组放被选中的红球。通过循环随机选择红球，这里取随机数为“random()”方法，取0～31之间的随机数，即将取出来的随机数和32取余即可。选中的把标识设置为true，此球不能再被选，直到6个全部选中为止。由于是先选中标识，后判断是否为true，因此这里使用的是“do…while”循环语句。红球抽完后，将存放被选中的红球的数组遍历放入一个字符串变量中，通过“Label”标签进行显示。由于蓝球只抽一个，因此不用数组存放，直接将随机抽取的蓝球通过通过“Label”标签显示即可。

实例3：猜字母游戏。如图3-47所示，系统随机产生5个按照一定顺序排列的字符，然后由用户输入一个5个字符的字符串，由程序判断这5个字符和系统所产生的5个字符是否相同（字母和位置均相同）。如果相同，则程序结束，并计算得分；如果不相同，则输出比较结果以提示用户继续游戏。游戏的得分规则为：总分为 500 分，用户如果第1次就猜对，则得满分（500分）；每多猜测一次，扣10分。

图3-47 界面设计

创建一个项目“Guess”，操作步骤如下：

1）页面设计。打开“dialog.ui”界面文件进行控件设计，控件属性见表3-22。

表3-22 控件的属性设置

控件类型	控件名	属性设置
QDialog	Dialog	宽度：400，高度：300 font：16pt "文泉驿微米黑";
QLabel	（默认）	text：猜字母 color：红色
QLabel	（默认）	text：输入5个字母
QLineEdit	leCai	text：我猜
QLabel	lblShow	

2）打开“dialog.cpp”源文件，声明两个全局变量，代码如下：

```
QChar chs[5];//存放随机生成的5个字符
int num = 0;//记录输入的次数
```

3）在构造方法里，随机生成5个字符，代码如下：

```
QChar letters[] = { 'A', 'B', 'C', 'D', 'E', 'F', 'G', 'H', 'I',
'J','K', 'L', 'M', 'N', 'O', 'P', 'Q', 'R', 'S', 'T', 'U', 'V','W',
'X', 'Y', 'Z' };//字符库
bool flags[26];//标记该字符是否被选中
for(int i=0;i<5;i++){//存储5个随机字符
    int index;
    do{
        index = random()%26;
    }while(flags[index]);
    flags[index] = true;
    chs[i] = letters[index];
}
```

4）“我猜”按钮功能的实现。单击“我猜”按钮对用户猜的5个字母进行判断，将结果显示在“lblShow”控件中。在“btnCai”的槽方法中加入如下代码：

```
void Dialog::on_btnCai_clicked()
{
    QString str = ui->leInput->text();
    QChar chIn[5];
    int res[2] = {0,0};// res[0]:存储正确的字符个数，res[1]:存储正确的位置个
数
    if(str.length()!=5){
        ui->lblShow->setText("输入的字符长度不对");
        return;
    }
    for(int i=0;i<str.length();i++){//将字符串转为char数组
        chIn[i] = str.at(i);
    }
    for(int i=0;i<5;i++){//判断猜中的字符个数和位置个数
        for(int j=0;j<5;j++){
            if(chIn[i]==chs[j]){
```

```
                    res[0]++;
                    if(i==j){
                        res[1]++;
                        break;
                    }
                }
            }
        }
        if(res[1]==5){//猜对显示
            ui->lblShow->setText(QString("恭喜你，你猜对了。你的得分是：%1").
arg (500 - num*10));
        }else{//猜错显示
            num++;
            ui->lblShow->setText(QString("你猜对了%1个字符，其中%2个字符位置
正确！").arg(res[0]).arg(res[1]));
        }
    }
```

实例分析：定义一个5个长度的字符数组用于存储系统所产生的5个字符，并定义变量记录用户所猜测的次数。由于产生的5个字符和猜的5个字符不在一个方法中，因此这两个变量要设置为全局变量。在构造方法中定义一个数组letters存放所有字符，定义一个bool类型的数组，大小和letters数组相同，用来标识letters数组中的元素是否被选中，随机产生5个不重复的字符存入字符数组“chs”中，原理同实例2。用户单击“我猜”按钮后，对输入的字符进行判断，使用“res”数组分别存储正确的字符个数和位置个数。先对用户输入的字符长度进行判断，再将输入的字符串转为字符数组，这里使用QString类中的“at()”方法取出字符串中的字符，放入字符数组中。遍历用户输入的字符数组“chIn”，每取一个元素，将“chs”中的每一个元素与其做比较，若字符相同，则将字符个数加1，再比较位置，若位置也相同，则将位置个数加1，使用“break”指令跳出内层循环。再进行下一个输入字符的比较，依次类推。比较完成后，若“res[1]”的值为5，则表示字符和位置都猜对，进行分数的计算并显示；若不为5，则表示还有字符未猜对，则显示相应的提示信息，同时将猜测的次数加1。

任务实施

1）打开项目“SmartHome”，进入“dialog.ui”界面文件。

2）在“dialog.cpp”源文件中定义一个3行9列的二维数组全局变量，用来存储3个模式的数据，代码为：

```
int mode[3][9];
```

3）返回“dialog.ui”界面文件，右键单击“保存”按钮，在弹出的快捷菜单中选择“转到槽”命令。在槽方法中加入如下代码：

```
void Dialog::on_btnSave_clicked()
{
    int index = ui->cbMode->currentIndex();//获取模式下标
    mode[index][0] = ui->cbDx->currentIndex();//记录对象下标
    mode[index][1] = ui->cbTj->currentIndex();//记录条件下标
    mode[index][2] = ui->spYz->value();//记录阈值
    mode[index][3] = ui->cbFs->isChecked()?1:0;//风扇是否选中，使用三目运算符，“1”为选中，“0”为未选中，下同
    mode[index][4] = ui->cbSd->isChecked()?1:0;//射灯是否选中
    mode[index][5] = ui->cbLED->isChecked()?1:0; //LED灯是否选中
    mode[index][6] = ui->cbCl->isChecked()?1:0;//窗帘是否选中
    mode[index][7] = ui->cbSmg->isChecked()?1:0;//数码管是否选中
    mode[index][8] = ui->cbFmq->isChecked()?1:0;//蜂鸣器是否选中
    QMessageBox::information(NULL,"保存成功","模式保存成功");//信息框显示模式保存成功
}
```

4）在“dialog.ui”界面文件中，右键单击“读取”按钮，在弹出的快捷菜单中选择“转到槽”命令。在槽方法中加入如下代码：

```
void Dialog::on_btnRead_clicked()
{
    int index = ui->cbMode->currentIndex();//获取模式下标
    ui->cbDx->setCurrentIndex(mode[index][0]);//设置对象下标
    ui->cbTj->setCurrentIndex(mode[index][1]);//设置条件下标
    ui->spYz->setValue(mode[index][2]);//设置Spin Box的值
    ui->cbFs->setChecked(mode[index][3]==1?true:false);//设置风扇是否被选中
    ui->cbSd->setChecked(mode[index][4]==1?true:false); //设置射灯是否被选中
    ui->cbLED->setChecked(mode[index][5]==1?true:false);//设置LED灯是否被选中
    ui->cbCl->setChecked(mode[index][6]==1?true:false);//设置窗帘是否被选中
    ui->cbSmg->setChecked(mode[index][7]==1?true:false);//设置数码管是否被选中
```

```
	ui->cbFmq->setChecked(mode[index][8]==1?true:false);//设置蜂鸣器是否被选中
	QMessageBox::information(NULL,"读取成功","模式读取成功");//信息框显示模式读取成功
}
```

5）设计完成，运行测试。

任务7　实现LED灯的闪烁和跑马灯效果

任务描述

本任务实现单控模式中LED灯的闪烁和跑马灯的效果，如图3-48所示。单击“LED开”按钮，按钮文字变为“按钮关”，同时根据用户对单选按钮的选中情况实现LED灯的闪烁（4个LED灯的开、关切换循环）和LED灯的跑马灯（4个LED灯依次打开）效果。

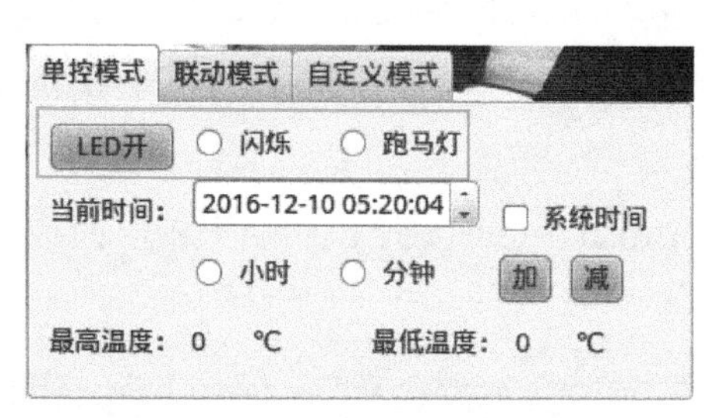

图3-48　项目运行效果

知识准备

本任务的两个效果都是实现LED灯的循环开关效果，但并不适用于使用循环结构来实现。一方面，每执行一次循环的时间太短，若将LED灯的控制放入循环结构中，则很难呈现运行效果；另一方面，循环结构工作于程序的主线程中，在循环执行时，将对程序的其他操作不响应，会出现类似死机的情况，如图3-49所示。

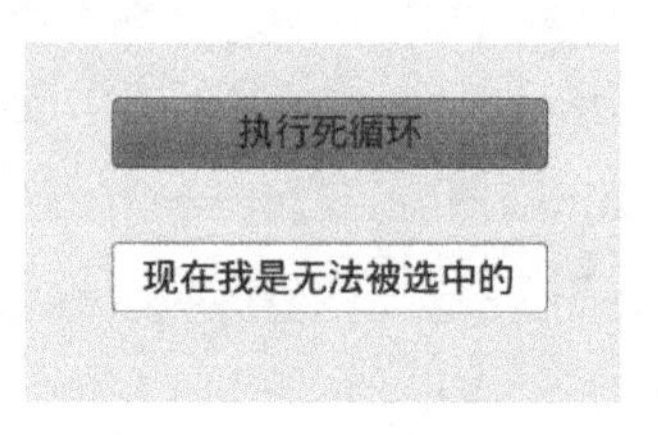

图3-49　死循环测试

给“QPush Button”控件的槽方法中加入死循环语句“while(true){}”，单击按钮后将无法对项目中的控件进行操作，直至程序内存溢出报错。为了解决这些问题，可以使用Qt中的计时器类（QTimer）实现本任务的功能。

1. 计时器的概念

计时器的作用是每隔固定的时间自动触发一次超时事件，且工作于独立的线程，不会影响程序中的其他操作。

小知识：线程的概念及简单应用

一般情况下，程序中的所有代码都是在主线程下运行的。当程序中的一段代码耗时较长时，该代码段后的代码将一直处于等待状态，用户界面也会出现“假死”现象。此时，应将这段耗时较长的代码单独创建一个线程运行，便能很好地解决这些问题。如在前面的学习中，计时器和“getStr()”方法都是独立创建线程运行的，并不影响程序中的其他代码运行。Qt中使用“QThread”类实现对线程的控制。下面以实例的方式介绍多线程的使用方法。

实例：如图3-50所示，程序中加入两个线程—— 线程A和线程B，每个线程循环利用“qDebug()”方法打印线程名。单击“线程开启”按钮，两个线程同时开启；单击“线程关闭”按钮，两个线程同时关闭。

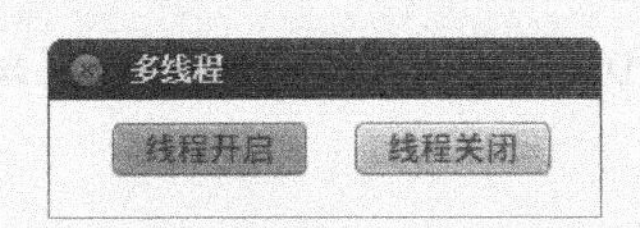

图3-50 界面设计

创建一个“Thread”项目，操作步骤如下：

1）页面设计。打开“dialog.ui”界面文件进行控件设计，控件属性见表3-23。

表3-23 控件的属性设置

控件类型	控件名	属性设置
QDialog	Dialog	宽度：270，高度：50 windowTitle：多线程
QButton	btnStart	text：线程开启
QButton	btnStop	text：线程关闭

2）由于“QThread”类属于一个抽象类，因此使用时必须新建一个类来继承“QThread”。方法如下：

① 右键单击“Thread”项目，在弹出的快键菜单中选择“添加新文件”命令。

② 在“选择一个模板”对话框中选择创建一个“C++”类。单击“下一步”按钮。

③ 设置类名和基类信息，如图3-51所示。单击“下一步”按钮完成类的创建。

图3-51　类名的设置

④ 打开“mythread.h”头文件，在“public”区域中加入如下代码以记录线程名：

```
QString message;
```

⑤ 创建一个“protected”区域，在该区域中声明方法“run()”，该方法为重写方法，是线程启动后运行的方法，代码如下：

```
protected:
    void run();
```

⑥ 打开“mythread.cpp”源文件，引入“QDebug”类（代码略），重写“run()”方法，代码如下：

```
void MyThread::run(){
    while(true){
        qDebug()<<"这是"+message+"在运行";
        sleep(1);
    }
}
```

3）在“dialog.h”头文件中引入“mythread.h”头文件（代码略），在“public”区域中声明两个线程对象，代码如下：

```
MyThread *threadA;//线程A
MyThread *threadB;//线程B
```

4）在“dialog.cpp”源文件的构造方法中实例化两个线程对象，同时设置其“message”属性，代码如下：

```
threadA = new MyThread();
threadB = new MyThread();
```

```
threadA->message = "线程A";
threadB->message = "线程B";
```

5）在“btnStart”按钮的槽方法中加入如下代码：

```
void Dialog::on_btnStart_clicked()
{
    threadA->start();//线程A启动
    threadB->start();//线程B启动
}
```

6）在“btnStop”按钮的槽方法中加入如下代码：

```
void Dialog::on_btnStop_clicked()
{
    threadA->terminate();//线程A停止
    threadB->terminate();//线程B停止
}
```

7）运行结果如图3-52所示。

图3-52 项目运行结果

从项目运行结果可以看出，两个线程可以同时运行，互不影响。线程与线程之间的运行并不是顺序执行的，从结果中可以看出，可能先运行线程A，也可能先运行线程B，这主要与操作系统的调度策略有关。

2. Qt中计时器的使用方法

Qt中使用QTimer类进行计时器的操作，其使用方法如下：

1）在头文件中引入QTimer类。

2）在头文件中的“public”区域声明一个计时器类的对象，如“QTimer timer”。

3）在头文件的“private slots”区域声明一个自定义的槽方法，用于对超时事件的响应，如“void onTimeout();”。

4）在源文件的构造方法中为计时器对象关联信号和槽。其中，信号对象为计时器

Timer，信号方法为“timeout()”，槽对象为该窗口对象本身“this”，槽方法为自定义的槽方法“onTimeout()”。代码如下：

```
connect(&timer, SIGNAL(timeout()), this, SLOT(onTimeout()));
```

5）在需要开启定时器的地方调用“void QTimer::start(int msec);”方法，其中，参数msec是指计时器触发一次的时间，单位为ms。例如，“timer.start（1000）；”，表示1s执行一次。

6）自定义槽方法里的超时处理。

7）使用“void QTimer::stop();”方法进行计时器的停止操作。例如，“timer.Stop()”。

实例1：制作一个秒表程序，如图3-53所示。“启动”按钮用于控制计时器的开启和停止，“计次”按钮用于显示计次时间。

图3-53　实例1运行效果

创建一个“Stopwatch”项目，操作步骤如下：

1）页面设计。打开“dialog.ui”界面文件进行控件设计，控件属性见表3-24。

表3-24　控件的属性设置

控件类型	控件名	属性设置
QDialog	Dialog	宽度：240，高度：320
QLabel	（默认）	text：秒表
QWidget	（默认）	X：0，Y：30 宽度：240，高度：80 背景颜色：白色
QLabel（Qwidget容器内）	lblSmallTimer	text：00:00.00
QLabel（Qwidget容器内）	lblTimer	text：00:00.00
QPushButton	btnStart	text：启动
QPushButton	btnRecord	text：计次
QListWidget	lwRecord	

2）声明一个计时器并进行信号槽的关联。

① 在“dialog.h”头文件中引入QTimer类，代码如下：

```
#include "QTimer"
```

② 在“dialog.h”头文件的“public”区域声明QTimer对象，代码如下：

```
QTimer watch;
```

③ 在“dialog.h”头文件的“private slots”区域自定义一个槽方法，用于计时器超时时间的响应，代码如下：

```
void onTimeout();
```

④ 在“dialog.cpp”源文件的构造方法中对计时器进行信号槽的关联，代码如下：

```
connect(&watch,SIGNAL(timeout()),this,SLOT(onTimeout()));
```

3）在“dialog.h”头文件的“public”区域进行计时器相关变量的声明，代码如下：

```
int min,sec,msec,totalSec;//计时器分、秒、毫秒和总毫秒数
int smallMin,smallSec,smallMsec,smallTotalSec;//小计时器分、秒、毫秒和总毫秒数
int num;//计次次数
```

4）“启动”按钮功能的实现。单击“启动”按钮，大秒表和小秒表同时开始工作，“启动”按钮变为“停止”按钮，单击“停止”按钮，大秒表和小秒表同时停止工作。在“启动”按钮的槽方法中加入如下代码：

```
void Dialog::on_btnStart_clicked()
{
    if(ui->btnStart->text()=="启动"){
        min = 0,sec = 0,msec = 0,totalSec = 0;
        smallMin = 0,smallSec = 0,smallMsec = 0,smallTotalSec = 0;
        num = 1;
        ui->lblTimer->setText("00:00 00");
        ui->lblSmallTimer->setText("00:00 00");
        ui->btnStart->setText("停止");
        ui->lwRecord->clear();
        watch.start(10);
    }else{
        ui->btnStart->setText("启动");
        watch.stop();
    }
}
```

代码分析：当单击“btnStart”按钮时，若文本为“启动”则初始化计时器、小计时器和计次次数的相关变量，清空计时列表，计时器开启，每10ms运行一次。当文本为“停止”时则停止计时器。

5）“计次”按钮功能的实现。单击“计次”按钮，在列表中显示计次时间，小秒表

将重新计时。在“计次”按钮的槽方法中加入如下代码：

```
void Dialog::on_btnRecord_clicked()
{
    ui->lwRecord->addItem(QString("%1.%2").arg(num).arg(ui->lblTimer->text()));//计次列表显示秒数
    num++;//计次次数加1
    smallTotalSec = 0;//小计时器总秒数归零
}
```

6）自定义计时器槽方法的实现。在“dialog.cpp”头文件中加入如下代码：

```
void Dialog::onTimeout(){
    totalSec++;
    msec = totalSec%100;
    sec = (totalSec/100)%60;
    min = totalSec/6000;
    QString S_msec = msec<10?QString("0%1").arg(msec):QString::number(msec);
    QString S_sec = sec<10?QString("0%1").arg(sec):QString::number(sec);
    QString S_min = min<10?QString("0%1").arg(min):QString::number(min);
    ui->lblTimer->setText(S_min+":"+S_sec+"."+S_msec);
    smallTotalSec++;
    smallMsec = (smallTotalSec)%100;
    smallSec = (smallTotalSec/100)%60;
    smallMin = smallTotalSec/6000;
    QString S_smallMsec = smallMsec<10?QString("0%1").arg(smallMsec):QString::number(smallMsec);
    QString S_smallSec = smallSec<10?QString("0%1").arg(smallSec):QString::number(smallSec);
    QString S_smallMin = smallMin<10?QString("0%1").arg(smallMin):QString::number(smallMin);
    ui->lblSmallTimer->setText(S_smallMin+":"+S_smallSec+"."+S_smallMsec);
}
```

代码分析：计时器每执行一次则总毫秒数自动加1，计时的原则为每满100ms，秒数加1，秒数每满60s，分钟数加1。毫秒数的获取方法为总毫秒数与100取余；秒数为总秒数（总毫秒数/100）与60取余；分钟数为总秒数/60，即总毫秒数/6000。最后，将毫秒数、秒数和分钟数显示在“lblTimer”控件中。注意，当这些值小于10时，需在前面加“0”。小计时器的显示原理与计时器相同，只是每次单击“计次”按钮时，小计时器的总毫秒数值清零。

7）设计完成，运行效果如图3-53所示。

实例2：“智能家居理论考试系统”的制作。用户可以进行试题的上传、考试和评分操作。创建一个“Exam”项目，操作步骤如下：

1. 页面设计

1）“dialog.ui”（系统导航）页面的设计，如图3-54所示。

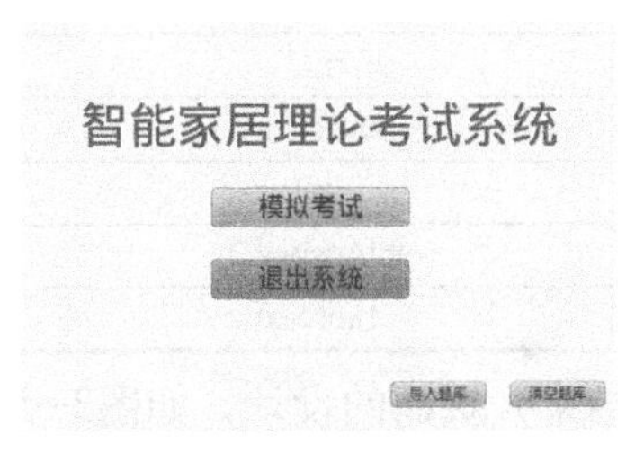

图3-54 系统导航页面

控件属性设置见表3-25。

表3-25 控件属性设置1

控 件 类 型	控 件 名	属 性 设 置
QDialog	Dialog	宽度：600，高度：400 font：20pt "文泉驿微米黑";
QLabel	（默认）	text：智能家居理论考试系统 color：红
QPushButton	btnStart	text：模拟考试
QPushButton	btnClose	text：退出系统
QPushButton	btnImport	text：导入题库
QPushButton	btnClear	text：清空题库

2）“dialog1.ui”（答题）页面的设计，如图3-55所示。

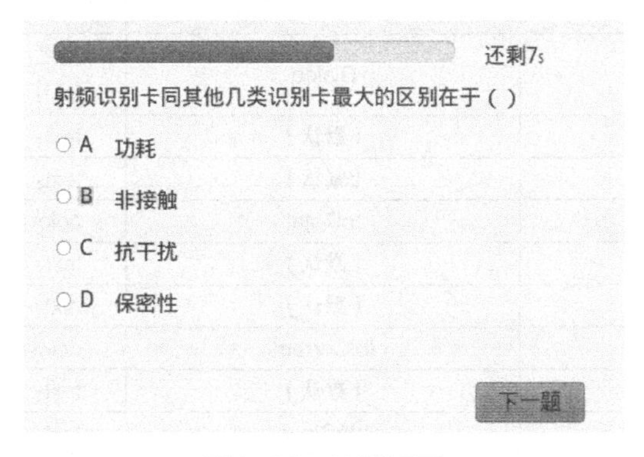

图3-55 答题页面

控件属性设置见表3-26。

表3-26 控件属性设置2

控件类型	控件名	属性设置
QDialog	Dialog	宽度：600，高度：400 font：20pt "文泉驿微米黑";
QProgressBar	pbRemain	value：100
QLabel	lblRemain	text：还剩10s
QLabel	lblQuestion	
QRadioButton	rbA	text：A
QLabel	lblAnswerA	
QRadioButton	rbB	text：B
QLabel	lblAnswerB	
QRadioButton	rbC	text：C
QLabel	lblAnswerC	
QRadioButton	rbD	text：D
QLabel	lblAnswerD	
QPushButton	btnNext	text：下一题

3）“dialog2.ui”（答题结束）页面的设计，如图3-56所示。

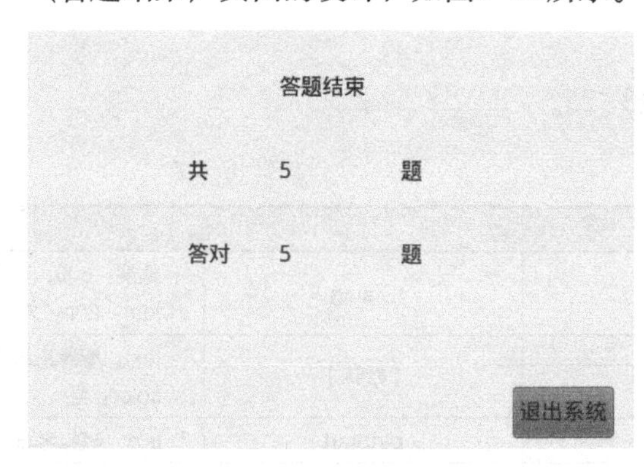

图3-56 答题结束页面

控件属性设置见表3-27。

表3-27 控件属性设置3

控件类型	控件名	属性设置
QDialog	Dialog	宽度：600，高度：400 font：20pt "文泉驿微米黑";
QLabel	（默认）	text：答题结束
QLabel	（默认）	text：共
QLabel	lblTotal	color：红
QLabel	（默认）	text：题
QLabel	（默认）	text：答对
QLabel	lblCorrect	color：红
QLabel	（默认）	text：题
QPushButton	btnClose	text：退出系统

2. 数据库的设计与创建

1）设计一个exam表保存试题的信息，其字段属性见表3-28。

表3-28 exam表的字段属性

字 段 名	字 段 类 型	字 段 长 度	是否为主键
id	integer	默认	是
question（问题）	varchar	255	否
answerA（选项A）	varchar	255	否
answerB（选项B）	varchar	255	否
answerC（选项C）	varchar	255	否
answerD（选项D）	varchar	255	否
answer（答案）	varchar	255	否

2）在“main.cpp”主文件中加入如下代码：

```
#include "QTextCodec"
#include "QSqlDatabase"
#include "QSqlQuery"
int main(int argc, char *argv[])
{
    QApplication a(argc, argv);
    QTextCodec::setCodecForCStrings(QTextCodec::codecForName("UTF-8"));
    QSqlDatabase db = QSqlDatabase::addDatabase("QSQLITE");
    db.setDatabaseName("db.db");
    db.open();
    QSqlQuery query;
    QString sql = "create table if not exists exam (id integer primary key autoincrement,
question varchar(255),answerA varchar(255),answerB varchar(255),answerC varchar(255),
answerD varchar(255),answer varchar(255))";
    query.exec(sql);
    Dialog w;
    w.show();
    return a.exec();
}
```

3. 定义静态变量

定义考试相关信息的3个静态变量，包括总题目数、回答正确题目数、题目最大id

号。操作步骤如下：

1）在“dialog.h”头文件的“public”区域使用“static”修饰符声明3个静态变量，代码如下：

```
static int totalCount,correctCount,maxID;
```

2）在“dialog.cpp”源文件中对静态变量初始化，代码如下：

```
int Dialog::totalCount = 0,Dialog::correctCount = 0,Dialog::maxID = 0;
```

静态变量是由“static”关键字修饰的变量，与普通变量不同，静态变量在程序运行时就存入内存，程序结束后才释放内存，因此，为了节省内存资源应尽量少地使用静态变量。

在Qt中，对静态变量的定义步骤如下：

1）在“dialog.h”头文件的“public”区域对静态变量进行声明，例如：

```
static int num;
```

2）在“dialog.cpp”源文件中对静态变量赋初始值，赋值格式为“变量类型 类名::变量名”，例如：

```
int Dialog::num
```

对于静态变量的访问，在同一类中可直接访问，在不同类之间需使用“类名::变量名”的方式进行访问。

4．系统导航页面功能的实现

1）“导入题库”按钮功能的实现。用户单击“导入题库”按钮，弹出“上传题库”对话框，选择已准备好的题库文件，将文件数据导入到数据库的exam表中。操作步骤如下：

① 在“dialog.cpp”源文件中引入必要的库文件，代码如下：

```
#include "QSqlQuery"
#include "QFile"
#include "QFileDialog"
#include "QTextStream"
#include "QMessageBox"
```

② 在“btnImport”按钮的槽方法中加入如下代码：

```
void Dialog::on_btnImport_clicked()
{
    QString path = QFileDialog::getOpenFileName(NULL,"导入题库
```

```
","",tr("TXTFile(*.txt)"));
        QSqlQuery query;
        QString sql;
        if(!path.isEmpty()){
            QFile file(path);
            file.open(QFile::ReadOnly);
            QTextStream stream(&file);
            while(!stream.atEnd()){
                QString str = stream.readLine();
                QStringList list = str.split(",");
                    sql = "insert into exam values (null,'"+list.at(0)+"','"+list.
at(1)+"','"+list.at(2)+"','"+list.at(3)+"','"+list.at(4)+"','"+list.at(5)+"')";
                query.exec(sql);
            }
    file.close();
            QMessageBox::information(NULL,"导入完成","题库导入成功");
        }
    }
```

代码分析：利用"QFileDialog"的"getOpenFileName()"方法获取题库文件路径。注意，题库文件的扩展名为TXT格式，题库模板如图3-57所示，每行代表一道题目，格式为"问题，选项A，选项B，选项C，选项D，答案"。使用"QFile"的"open()"方法将文件打开，使用"QTextStream"的"readLine()"方法对行数据进行读取。使用"split(",")"方法将数据以","为分隔符存入QStringList列表中，再将列表中的数据插入exam表中。文本读取完成后，使用"close()"方法将文件关闭。

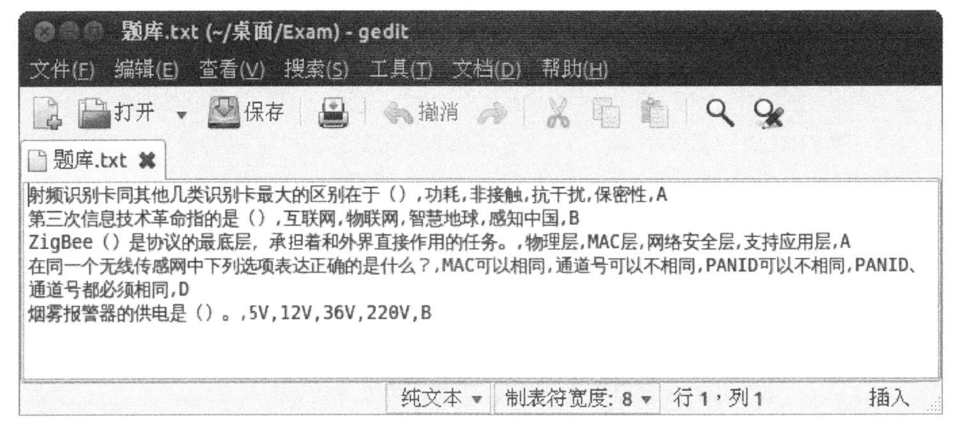

图3-57　题库模板

2）"清空题库"按钮功能的实现。用户单击"清空题库"按钮，将exam表中的数据清空。在“btnClear”控件的槽方法中加入如下代码：

```
void Dialog::on_btnClear_clicked()
{
    QSqlQuery query;
    QString sql = "delete from exam";
    if(query.exec(sql)){
        QMessageBox::information(NULL,"清空题库","题库清空成功");
    }
}
```

3）“模拟考试”按钮功能的实现。用户单击“模拟考试”按钮开始考试，进入第一道题的答题页面。操作步骤如下：

① 修改“dialog1.h”头文件中“public”区域的构造方法，代码如下：

```
explicit Dialog1(int id,QWidget *parent = 0);
```

② 修改“dialog1.cpp”源文件中的构造方法参数，代码如下：

```
Dialog1::Dialog1(int id,QWidget *parent) :…
```

③ 在“btnStart”控件的槽方法中加入如下代码：

```
void Dialog::on_btnStart_clicked()
{
    QSqlQuery query;
    QString sql = "select count(*) from exam";
    query.exec(sql);
    query.next();
    totalCount = query.value(0).toInt();//设置总题目数
    if(totalCount==0){
        QMessageBox::warning(NULL,"考试失败","请先导入题库");
        return;
    }
    sql = "select id from exam order by id desc limit 1";
    query.exec(sql);
    query.next();
    maxID = query.value(0).toInt();//设置题目最大id
    Dialog1 *dialog1 = new Dialog1(0);
    dialog1->show();
```

```
    this->close();
}
```

代码分析：首先对试题的总体题目数和题目最大id进行设置，其中题目最大id获取方法为按id的倒序排序后的第一条记录。进入第一题的答题页面，需将第一题记录的id传入答题页面的构造方法中。

4）“退出系统”按钮功能的实现。用户单击“退出系统”按钮，将该系统关闭。在“btnClose”控件的槽方法中加入如下代码：

```
void Dialog::on_btnClose_clicked()
{
    this->close();
}
```

5. 答题页面功能的实现

1）显示考题内容功能的实现。进入答题页面后在页面的“Qlabel”控件中显示考题的问题和各选项的文本。操作步骤如下：

① 在“dialog1.h”头文件的“public”区域中定义变量id记录本题的id号，定义两个QString型变量分别记录正确答案和用户答案。代码如下：

```
int id;
QString answer,userAnser;
```

② 在“dialog1.cpp”源文件的构造方法中加入如下代码：

```
QSqlQuery query;
    QString sql = QString("select * from exam where id > %1 limit 1").arg(id);
    query.exec(sql);
    query.next();
    ui->lblQuestion->setText(query.value(1).toString());
    ui->lblAnswerA->setText(query.value(2).toString());
    ui->lblAnswerB->setText(query.value(3).toString());
    ui->lblAnswerC->setText(query.value(4).toString());
    ui->lblAnswerD->setText(query.value(5).toString());
    this->id = query.value(0).toInt();
this->answer = query.value(6).toString();
```

代码分析：进入该页面后先对表进行查询，查询的原则为传入id的下一条记录。由于不能保证id为连续的，因此这里使用的条件为“当前id大于上一条记录的id（类实例化时传入的id），并且只查询一条记录（limit 1）”。再将查询结果显示在对应的控件上。

2）“下一题”按钮功能的实现。当用户单击“下一题”按钮时，若该试题不是最后一题，则进入下一题的页面，否则进入答题结束页面，同时判断本题是否回答正确。在“btnNext”控件的槽方法中加入如下代码：

```
void Dialog1::on_btnNext_clicked()
{
    if(ui->rbA->isChecked())userAnser="A";
    if(ui->rbB->isChecked())userAnser="B";
    if(ui->rbC->isChecked())userAnser="C";
    if(ui->rbD->isChecked())userAnser="D";
    if(userAnser==this->answer){
        Dialog::correctCount++;//若答对，则回答正确题目数变量加1
    }
    if(this->id!=Dialog::maxID){
        Dialog1 *dialog1 = new Dialog1(this->id);
        dialog1->show();
        this->close();
    }else{
        Dialog2 *dialog2 = new Dialog2();
        dialog2->show();
        this->close();
    }
}
```

3）倒计时器功能的实现。进入答题页面后，倒计时器开始工作，若在10s秒内不能将答案确认，则系统自动提交答案，进入下一题（方法同“下一题”按钮的功能）。操作步骤如下：

① 引入计时器库文件，声明一个计时器对象“timer”并自定义一个槽方法“void onTimeout()”（方法略）。

② 在“dialog1.h”头文件中的“public”区域定义一个变量，用来设置“QProgressBar”控件的值，代码如下：

```
int pbNum;
```

③ 在“dialog1.cpp”源文件中加入如下代码：

```
pbNum = 100;//设置“pbNum”的初始值为100
connect(&timer,SIGNAL(timeout()),this,SLOT(onTimeout()));//关联计时器信号槽
```

```
timer.start(1000);//开启计时器
```

④ 自定义计时器的槽方法，代码如下：

```
void Dialog1::onTimeout(){
    pbNum -= 10;
    if(pbNum>0){
        ui->pbRemain->setValue(pbNum);
        ui->lblRemain->setText(QString("还剩%1S").arg(pbNum/10));
    }else{
        next();//自定义方法
    }
}
```

代码分析：计时器每运行一次，进度条进度减10%，若进度条进度大于0时重新设置进度条值并显示剩余时间，否则进入与“下一题”按钮实现相同的功能。这样，功能代码出现了重复调用，为了减少代码冗余，将这段代码写到自定义方法“next()”中。

⑤ 在“dialog1.h”头文件的“public”区域中声明自定义方法，代码如下：

```
void next();
```

⑥ 在“dialog1.cpp”源文件中加入如下代码：

```
void Dialog1::next(){
    timer.stop();//停止计时器
    if(ui->rbA->isChecked())userAnser="A";
    if(ui->rbB->isChecked())userAnser="B";
    if(ui->rbC->isChecked())userAnser="C";
    if(ui->rbD->isChecked())userAnser="D";
    if(userAnser==this->answer){
        Dialog::correctCount++;
    }
    if(this->id!=Dialog::maxID){
        Dialog1 *dialog1 = new Dialog1(this->id);
        dialog1->show();
        this->close();
    }else{
        Dialog2 *dialog2 = new Dialog2();
        dialog2->show();
        this->close();
```

```
    }
}
```

⑦ 将“btnNext”控件的槽方法的内容修改为“next()”。

6. 答题结束页面功能的实现

1）显示答题结果功能的实现。答题结束后，在该页面中显示题目数量和答对题目数量。操作步骤如下：

① 在“dialog2.cpp”源文件中引入必要的头文件，代码如下：

```
#include "dialog.h"
```

② 在构造方法中加入如下代码：

```
ui->lblTotal->setText(QString::number(Dialog::totalCount));
ui->lblCorrect->setText(QString::number(Dialog::correctCount));
```

2）“退出系统”按钮功能的实现。用户单击“退出系统”按钮，将该系统关闭。在“btnClose”控件的槽方法中加入如下代码：

```
void Dialog2::on_btnClose_clicked()
{
    this->close();
}
```

任务实施

1）打开项目“SmartHome”，进入“dialog.h”头文件。引入计时器库文件，声明一个计时器对象“timer”并自定义一个槽方法“void onTimeout()”（方法略）。

2）在“public”区域声明3个变量：modeLED（LED模式）、LED_pao（LED跑马灯状态）、LED_shan（LED闪烁状态），代码如下：

```
int modeLED;//0为无模式，1为闪烁效果，2为跑马灯效果
int LED_shan;//0为LED灯关，1为LED灯开
int LED_pao;//0为LED1亮，1为LED2亮，2为LED3亮，3为LED4亮
```

3）在“dialog.cpp”源文件的构造方法中加入如下代码：

```
modeLED = 0,LED_shan=0,LED_pao=0;//变量初始化
connect(&timer,SIGNAL(timeout()),this,SLOT(onTimeout()));//计时器信号槽关联
timer.start(1000);//计时器开启
```

4）打开“dialog.ui”界面文件，右键单击“btnLED”控件，在弹出的快捷菜单中选择“转到槽”命令，在槽方法中加入如下代码：

```
void Dialog::on_btnLED_clicked()
{
    if(ui->btnLED->text()=="LED开"){
        ui->btnLED->setText("LED关");
        if(ui->rbLEDShan->isChecked()){//进入LED闪烁模式
            modeLED = 1;
        }
        if(ui->rbLEDPao->isChecked()){//进入LED跑马灯模式
            modeLED = 2;
        }
    }else{
        ui->btnLED->setText("LED开");
        modeLED = 0,LED_shan=0,LED_pao=0;//初始化LED各参数
        LEDG;
    }
}
```

5）在自定义槽方法中加入如下代码：

```
void Dialog::onTimeout(){
    if(ui->tbMode->currentIndex()==0)
    {
        if(modeLED==1){
            if(LED_shan==0){
                LEDK;
                LED_shan = 1;
            }else{
                LEDG;
                LED_shan = 0;
            }
        }
        if(modeLED==2){
            switch(LED_pao){
            case 0:
                LEDG;
                LED1K;
```

```
            break;
        case 1:
            LEDG;
            LED2K;
            break;
        case 2:
            LEDG;
            LED3K;
            break;
        case 3:
            LEDG;
            LED4K;
            LED_pao=0;
            break;
        }
      }
    }
}
```

6）设计完成，运行测试。

任务8　实现时钟功能

任务描述

本任务实现单控模式中显示时间和时间设置的功能，如图3-58所示。在“QdateTimeEdit”控件中显示当前时间，通过单击“加”或“减”按钮根据选择的“小时”或“分钟”单选按钮对时间进行设置。勾选“系统时间”复选框，则当前时间恢复为系统时间。

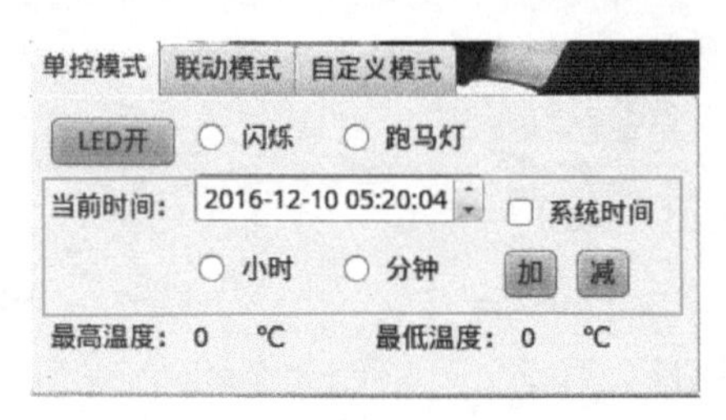

图3-58　项目运行效果

知识准备

本任务主要是对时间和日期的操作，可利用Qt中的“QDateTime”类（时间日期类）进行功能的实现。

1. QDateTime类介绍

QDateTime类提供了日期和时间功能。QDateTime对象包含一个日历日期和一个时钟时间。它是QDate和QTime两个类的组合，可以从系统时钟中读取当前日期时间，提供了获取日期时间和操作日期时间的方法，如获取当前时间的年、月、日、时、分、秒的信息，加上一定数量的秒、天、月或年。QDateTime对象通常可以由给定的日期和时间来创建，也可以使用静态方法currentDateTime()（当前系统时间）让QDateTime对象包含当前系统时钟的日期时间，如“QDateTime dt = QDateTime::currentDateTime();”。日期时间也可以由setDate()和setTime()来改变。函数date()和time()提供了对日期和时间的访问。

2. QDateTime类的常用方法

1）QString QDateTime::toString（QString format）：返回一个字符串的日期时间。参数format决定了结果字符串的格式。常用的时间日期表达式如下：

- d：没有前置0的数字的天（1～31）。
- dd：前置0的数字的天（01～31）。
- ddd：缩写的日名称（Mon～Sun），使用QDate::shortDayName()。
- dddd：日名称的全称（Monday～Sunday），使用QDate::longDayName()。
- M：没有前置0的数字的月（1～12）。
- MM：前置0的数字的月（01～12）。
- MMM：缩写的月名称（Jan～Dec），使用QDate::shortMonthName()。
- MMMM：月名称的全称（January～December），使用QDate::longMonthName()。
- yy：两位数字的年（00～99）。
- yyyy：4位数字的年（0000～9999）。
- h：没有前置0的数字的小时（0～23或如果显示AM/PM时，1～12）。
- hh：前置0的数字的小时（00～23或如果显示AM/PM时，01～12）。
- m：没有前置0的数字的分（0～59）。
- mm：前置0的数字的分（00～59）。
- s：没有前置0的数字的秒（0～59）。
- ss：前置0的数字的秒（00～59）。

- z：没有前置0的数字的毫秒（0～999）。
- zzz：前置0的数字的毫秒（000～999）。
- AP：切换为AM/PM显示，AP将被“AM”或“PM”替换。
- ap：切换为am/pm显示，ap将被“am”或“pm”替换。

实例1：运行效果如图3-59所示，即在“lblDateTime”控件中显示当前时间日期。

图3-59 实例1运行效果

创建一个 “DateTime”项目，在“dialog.ui”图形界面中拖入一个“QLabel”控件，控件名为“lblDateTime”。在“dialog.cpp”源文件的构造方法中加入如下代码：

```
ui->lblDateTime->setText(QDateTime::currentDateTime().toString("yyyy年MM月dd日 HH:mm:dd dddd"));
```

2）QDate QDate::addDays(int days)/addMonths(int months)/ addYears (int years)：返回这个日期时间对象days天/months月/years年之后的一个日期时间对象（如果是之前的日期，则参数是一个负数），如“date = date.addDays (10);”。

3）QTime QTime::addSecs(int secs)：返回这个日期时间对象secs秒之后的一个日期时间对象（如果是之前的时间，则参数是一个负数）。

4）bool QDate::setYMD(int y, int m, int d)：设置日期为y年m月d日，如“date.setYMD(2016, 12, 12);”。

5）int QDate::dayOfWeek()：返回这个日期是星期几。

6）bool QTime::setHMS(int h, int m, int s)：设置时间为h时m分s秒，如“time.setHMS(10, 10, 0);”。

实例2：“电子台历”的制作，运行效果如图3-60所示，“<”“>”按钮和“QDateEdit”对显示月份进行调整。

电子台历

< 2016年12月 >

日	一	二	三	四	五	六
				1	2	3
4	5	6	7	8	9	10
11	12	13	14	15	16	17
18	19	20	21	22	23	24
25	26	27	28	29	30	31

图3-60 实例2运行效果

创建一个“Date”项目，操作步骤如下：

1）页面设计。打开“dialog.ui”界面文件进行控件设计，控件属性设置见表3-29。

表3-29　控件属性设置

控件类型	控件名	属性设置
QDialog	Dialog	宽度：240，高度：320 font：16pt "文泉驿微米黑";
QLabel	（默认）	text：电子台历 color：红
QPushButton	btnPreDate	text：<
QPushButton	btnNextDate	text：>
QDateEdit	deDate	displayFormat：yyyy年MM月
QTableView	tvDate	

2）显示日历功能的实现。在“tvDate”中按周日至周六的顺序显示设置月份的日历。操作步骤如下：

① 打开“dialog.h”头文件，引入必要的库文件，代码如下：

```
#include "QDate"
#include "QStandardItemModel"
```

② 在“public”区域声明两个对象，声明一个自定义显示日期的方法，代码如下：

```
QDate date;
QStandardItemModel *model;
void showDate();
```

③ 打开“dialog.cpp”源文件，在构造方法中初始化“date”对象和“tvDate”控件，代码如下：

```
model = new QStandardItemModel();
model->setColumnCount(7);
//设置表头信息
model->setHeaderData(0,Qt::Horizontal,"日");
model->setHeaderData(1,Qt::Horizontal,"一");
model->setHeaderData(2,Qt::Horizontal,"二");
model->setHeaderData(3,Qt::Horizontal,"三");
model->setHeaderData(4,Qt::Horizontal,"四");
model->setHeaderData(5,Qt::Horizontal,"五");
model->setHeaderData(6,Qt::Horizontal,"六");
ui->tvDate->setModel(model);
//设置表的列宽
ui->tvDate->setColumnWidth(0,50);
```

```
ui->tvDate->setColumnWidth(1,50);
ui->tvDate->setColumnWidth(2,50);
ui->tvDate->setColumnWidth(3,50);
ui->tvDate->setColumnWidth(4,50);
ui->tvDate->setColumnWidth(5,50);
ui->tvDate->setColumnWidth(6,50);
ui->tvDate->verticalHeader()->hide();//隐藏行头索引
date = QDate::currentDate();//获取系统日期
date.setYMD(date.year(),date.month(),1);//将日期设置为该月的1号
ui->deDate->setDate(date);
```

④ 自定义“tvDate”控件，显示日期方法，代码如下：

```
void Dialog::showDate(){
    model->removeRows(0,model->rowCount());//移除“tvDate”控件的数据
    int row = 0;//初始行号的设置
    int col = date.dayOfWeek()%7;//初始列号的设置
    QDate date1 = date;
    for(int i=0;i<date.daysInMonth();i++){
        model->setItem(row,col,new QStandardItem(QString::number(date1.day())));
        if(date1==QDate::currentDate()){
                model->item(row,col)->setBackground(QBrush(QCol
or(255,0,0)));//将当前系统时间的背景色改为红色
        }
        date1 = date1.addDays(1);
        col++;
        if(col==7){
            row++;
            col = 0;
        }
    }
}
```

代码分析：使用变量row和col分别控制model的行号和列号。行号初始值为0，列号初始值根据date的dayOfWeek的值余7决定。例如，周日的dayOfWeek的值为7，取余后col的值为0，即从第0行第0列开始显示。使用循环的方式把该月中每一天的值显示在“deDate”控件上，其中使用“daysInMonth()”（返回本月总天数）方法控制循环次数，使用“addDays(1)” 方法获取下一天的date。注意，当col的值为7时，重置row和col

的值，从下一行的第0列开始显示。

3）按钮“<”和“>”功能的实现。单击“<”和“>”按钮控制“deDate”控件显示当前日期上一月和下一月的值。在“btnPreDate”和“btnNextDate”的槽方法中分别加入如下代码：

```
void Dialog::on_btnPreDate_clicked()
{
    date = date.addMonths(-1);
    ui->deDate->setDate(date);
}
void Dialog::on_btnNextDate_clicked()
{
    date = date.addMonths(1);
    ui->deDate->setDate(date);
}
```

4）修改“deDate”刷新日历功能的实现。当“deDate”控件值修改时，“tvDate”值刷新相应月份日历的显示。在“deDate”控件的槽方法中加入如下代码：

```
void Dialog::on_deDate_dateChanged(const QDate &date)
{
    this->date = date;
    showDate();
}
```

实例3：“电子时钟”的制作。进行当前时间的显示，用户也可以对当前时间进行设置。

创建一个“Time”项目，操作步骤如下：

1. 页面设计

1）“dialog.ui”（时间显示）页面的设计，如图3-61所示。

图3-61　时间显示页面

控件属性设置见表3-30。

表3-30 控件属性设置1

控件类型	控件名	属性设置
QDialog	Dialog	宽度：300，高度：200 font：16pt "文泉驿微米黑";
QLabel	（默认）	text：电子时钟 color：红
QLCDNumber	lcdTime	digitCount：8
QPushButton	btnSet	text：设置时间

2）“dialog1.ui”（时间设置）页面的设计，如图3-62所示。

图3-62 时间设置页面

控件属性设置见表3-31。

表3-31 控件属性设置2

控件类型	控件名	属性设置
QDialog	Dialog1	宽度：300，高度：150 font：16pt "文泉驿微米黑";
QLabel	（默认）	text：时间设置
QTimeEdit	teTime	DisplayFormat：HH:mm:ss
QCheckBox	cbSync	text：同步系统时间
QPushButton	btnSetTime	text：设置

2. 时间显示页面功能的实现

1）在“dialog.h”头文件中导入必要的库文件，代码如下：

```
#include "QTime"
#include "QTimer"
```

2）在“public”区域声明两个对象，在“private slots”区域声明一个自定义的槽方法，代码如下：

```
public:
    static QTime time;
    QTimer timer;
private slots:
    void onTimeout();
```

3）在“dialog.cpp”源文件中初始化静态变量time的值，代码如下：

```
QTime Dialog::time = QTime::currentTime();
```

4）在构造方法中设置“lcdTime”控件的初始值并开启计时器，代码如下：

```
ui->lcdTime->display(time.toString("HH:mm:ss"));//设置lcdTime的初始值
connect(&timer,SIGNAL(timeout()),this,SLOT(onTimeout()));
timer.start(1000);//开启计时器
```

5）自定义计时器的槽方法，代码如下：

```
void Dialog::onTimeout(){
    time = time.addSecs(1);
    ui->lcdTime->display(time.toString("HH:mm:ss"));
}
```

6）“设置时间”按钮功能的实现。单击“设置时间”按钮进入时间设置页面，在“btnSet”槽方法中加入如下代码：

```
void Dialog::on_btnSet_clicked()
{
    QDialog *dialog1 = new Dialog1();
    dialog1->show();
}
```

3．时间设置页面功能的实现

1）在“dialog2.h”头文件中导入必要的库文件和头文件，代码如下：

```
#include "dialog.h"
#include "QTime"
```

2）“teTime”控件显示当前时间。在“dialog2.cpp”的构造方法中加入如下代码：

```
ui->teTime->setTime(Dialog::time);
```

3）“同步系统时间”复选框功能的实现。当复选框处于勾选状态时，“teTime”控件不可用，未勾选时“teTime”控件可用。在“cbSync”控件的槽方法中加入如下代码：

```
void Dialog1::on_cbSync_clicked(bool checked)
{
    if(checked){
        ui->teTime->setEnabled(false);
    }else{
        ui->teTime->setEnabled(true);
    }
}
```

4）“设置”按钮功能的实现。单击“设置”按钮根据用户修改的时间进行时间的显示，同时返回时间显示页面。在“btnSetTime”控件的槽方法中加入如下代码：

```
void Dialog1::on_btnSetTime_clicked()
{
    if(ui->cbSync->isChecked()){
        Dialog::time = QTime::currentTime();
    }else{
        Dialog::time = ui->teTime->time();
    }
    this->close();
}
```

代码分析：“cbSync”复选框处于勾选状态时，设置时间为系统时间，否则设置时间为“teTime”的时间。

实例4：“钟表”的制作，运行效果如图3-63所示。利用绘制的时针、分针、秒针进行当前时间的显示。

图3-63　实例4运行效果

创建一个“Clock”项目，操作步骤如下：

1）将用到的表盘图片复制到项目的构建目录中备用。

2）在“dialog.h”头文件的“public”区域重新定义一个绘图事件的方法，代码如下：

```
void paintEvent(QPaintEvent *);
```

3）打开“dialog.cpp”源文件，引入必要的库文件，代码如下：

```
#include "QtGui"
```

4）在构造方法中实例化一个计时器，并使计时器开始工作，代码如下：

```
QTimer *timer = new QTimer(this);
connect(timer, SIGNAL(timeout()), this, SLOT(update()));// “update()”为重新绘图方法
timer->start(1000);
```

5）重写绘图事件的方法，代码如下：

```
void Dialog::paintEvent(QPaintEvent *event){
    QTime time = QTime::currentTime();//获取当前事件
    QPainter painter(this);//声明用来绘图用的“画家”
    painter.setRenderHint(QPainter::Antialiasing, true);// 消除图像锯齿
    painter.translate(width() / 2, height() / 2);//定位坐标起始点为界面中心
    //设置时钟背景
    QPixmap pix;
    pix.load("./Image/P.png");
    painter.drawPixmap(-(pix.width()/2),-(pix.height()/2),pix.width(),pix.
height(),pix);
    //绘制时针
    painter.save();//保存“画家”的状态
    painter.setPen(QColor(0, 0, 0));// 设置画笔及颜色
    painter.rotate(30.0*((time.hour()+time.minute()/60.0)));//时针旋转角度的设置
    painter.drawLine(QPoint(0,0), QPoint(0,-100));//画时针从坐标起点开始垂直
向上长度为100的直线
    painter.restore();//恢复“画家”的状态
    //绘制分针
    painter.setPen(QColor(0, 0, 0));
    painter.save();
    painter.rotate(6.0*(time.minute()+time.second()/60.0));
    painter.drawLine(QPoint(0,0), QPoint(0,-130));
    painter.restore();
    //绘制秒针
    painter.setPen(QColor(255, 0, 0));
    painter.save();
    painter.rotate(6.0*time.second());
    painter.drawLine(QPoint(0,10), QPoint(0,-140));
    painter.restore();
    //画中心点
    painter.setPen(QColor(0, 0, 0));
    painter.setBrush(QColor(0,0,0));//设置填充颜色
    painter.save();
    painter.drawEllipse(QPoint(0,0),3,3);
```

```
    painter.restore();
}
```

小知识：Qt的图形绘制

Qt提供了强大的图形绘制功能，可以进行几乎所有的2D图形绘制。使用“QPaint”类来进行图形的绘制，如绘制点、线、圆、多边形等图像。同时也支持图像的平移、旋转等操作。下面，通过实例介绍各种图形的绘制方法。

实例：界面如图3-64所示，用户通过单击4个按钮，分别完成绘制点、线、圆和矩形。

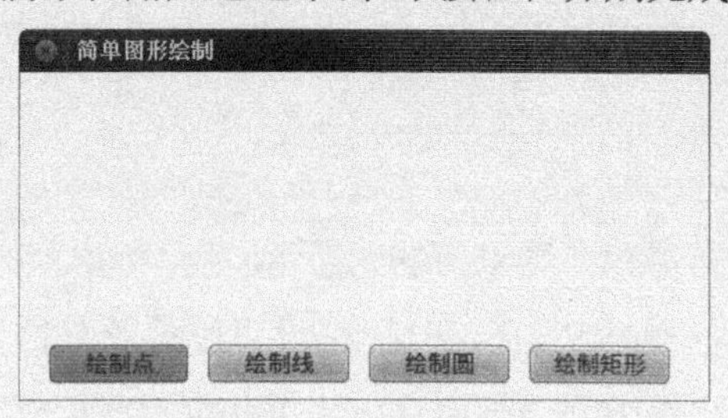

图3-64　界面设计

创建一个“Draw”项目，操作步骤如下：

1）页面设计。打开“dialog.ui”界面文件进行控件设计，控件属性设置见表3-32。

表3-32　控件属性设置

控件类型	控件名	属性设置
QDialog	Dialog	宽度：450，高度：200 windowTitle：简单图形绘制
QButton	btnDrawPoint	text：绘制点
QButton	btnDrawLine	text：绘制线
QButton	btnDrawEllipse	text：绘制圆
QButton	btnDrawRect	text：绘制矩形

2）在“dialog.h”头文件中的“public”区域声明一个方法“void paintEvent(QPaintEvent *);”，该方法为重载方法，用来处理绘图事件。所有的绘图操作都在这个方法中执行。

3）在“public”区域声明一个QString型变量“shape”，用来记录要绘制的图形形状，代码为：“QString shape;”

4）在“dialog.cpp”中引入库文件“QtGui”（方法略）。

5）分别给4个按钮加入槽方法，设置shape图形，调用“update()”方法绘制图形，代码如下：

```
void Dialog::on_btnDrawPoint_clicked()
{
    shape = "point";
```

```
    update();
}
void Dialog::on_btnDrawLine_clicked()
{
    shape = "line";
    update();
}
void Dialog::on_btnDrawEllipse_clicked()
{
    shape = "ellipse";
    update();
}
void Dialog::on_btnDrawRect_clicked()
{
    shape = "rect";
    update();
}
```

6）重写“paintEvent()”方法，代码如下：

```
void Dialog::paintEvent(QPaintEvent *){
    QPainter painter(this);//声明用来绘图用的“画家”
    painter.setRenderHint(QPainter::Antialiasing, true);// 消除图像锯齿
    painter.translate(width() / 2, height() / 2);//定位坐标起始点为界面的中心
    painter.setPen(QColor(0, 0, 0));//设置画笔颜色
    if(shape=="point"){//绘制点
        painter.drawPoint(0,0);
    }
    if(shape == "line"){//绘制线
        painter.drawLine(QPoint(-10,0),QPoint(20,0));
    }
    if(shape == "ellipse"){//绘制圆
        painter.drawEllipse(QPoint(0,0),20,20);
    }
    if(shape == "rect"){//绘制矩形
        painter.drawRect(-10,-10,40,40);
    }
```

```
}
```

7）运行效果如图3-65所示。

图3-65 运行效果

任务实施

1）打开项目“SmartHome”，进入“dialog.h”头文件。在头文件中引入必要的库文件，代码如下：

```
#include "QDateTime"
```

2）在“public”区域声明一个QDateTime的对象，代码如下：

```
QDateTime dt;
```

3）打开“dialog.cpp”源文件，在构造方法中加入如下代码：

```
dt = QDateTime::currentDateTime();
ui->dtEdit->setDateTime(dt);//初始化“dtEdit”控件
```

4）在自定义的计时器槽方法“onTimeOut”中加入如下代码：

```
if(ui->chkDtSys->isChecked()){//当“系统时间”复选框被勾选时
    dt = QDateTime::currentDateTime();
}else{//当“系统时间”复选框未被勾选时
    dt = dt.addSecs(1);
}
```

5）“加”按钮功能的实现。在“btnAddTime”按钮的槽方法中加入如下代码：

```
void Dialog::on_btnAddTime_clicked()
{
    if(!ui->chkDtSys->isChecked()){
        if(ui->rbChgHour->isChecked()){
            dt = dt.addSecs(3600);
        }
        if(ui->rbChgMin->isChecked()){
            dt = dt.addSecs(60);
```

```
        }
    }
}
```

6）“减”按钮功能的实现。在“btnSubTime”按钮的槽方法中加入如下代码：

```
void Dialog::on_btnSubTime_clicked()
{
    if(!ui->chkDtSys->isChecked()){
        if(ui->rbChgHour->isChecked()){
            dt = dt.addSecs(-3600);
        }
        if(ui->rbChgMin->isChecked()){
            dt = dt.addSecs(-60);
        }
    }
}
```

7）设计完成，运行测试。

任务9　移植嵌入式网关

任务描述

本任务是将前面做好的“SmartHome”项目进行嵌入式移植，如图3-66所示，使程序通过6410网关对智能家居设备进行控制。

图3-66　嵌入式网关移植

知识准备

1. 嵌入式系统的定义

嵌入式系统本身是一个相对模糊的定义，人们很少会意识到他们往往会随身携带好几个嵌入式系统，如手机和平板电脑等。嵌入式系统是指以应用为中心和以计算机技术为基础的，并且软硬件是可裁剪的，能满足应用系统对功能、可靠性、成本、体积、功耗等指标严格要求的专用计算机系统。简单地说，嵌入式系统集系统的应用软件与硬件于一体，具有软件代码少、高度自动化、响应速度快等特点，特别适合于实时的多任务的体系结构，可以实现对其他设备的控制、监视或管理等功能。

本任务选用的嵌入式系统软件需用嵌入式Linux操作系统，该系统由Linux Torvalds编写，是一款支持通用公共授权协议的开源操作系统。内核可由开发者根据用户需要进行适当裁剪，支持市面上绝大多数的32位和64位的处理器。硬件方面选用的是三星公司推出的ARM 6410处理器，使用常见的SDRAM作为内存储系统，用来存放系统引导程序BootLoader，Nand Flash作为硬盘来存放系统内核、系统镜像以及用户安装的应用程序。数据的通信接口采用了RS-232串口线来完成。下面介绍Linux操作系统的常用操作。

2. Linux终端的使用

Linux终端也称为虚拟控制台，如图3-67所示，是Linux从UNIX继承来的标准特性。显示器和键盘合称为终端，因为它们可以对系统进行控制，所以又称为控制台，一台计算机的输入/输出设备就是一个物理的控制台。如果在一台计算机上用软件的方法实现了多个互不干扰、独立工作的控制台界面，则是实现了多个虚拟控制台。Linux终端采用字符命令行方式工作，用户通过键盘输入命令，通过Linux终端对系统进行控制。打开Linux终端的快捷键为<Ctrl+A>，也可利用“应用程序”→“附件”→“终端”的方式打开。

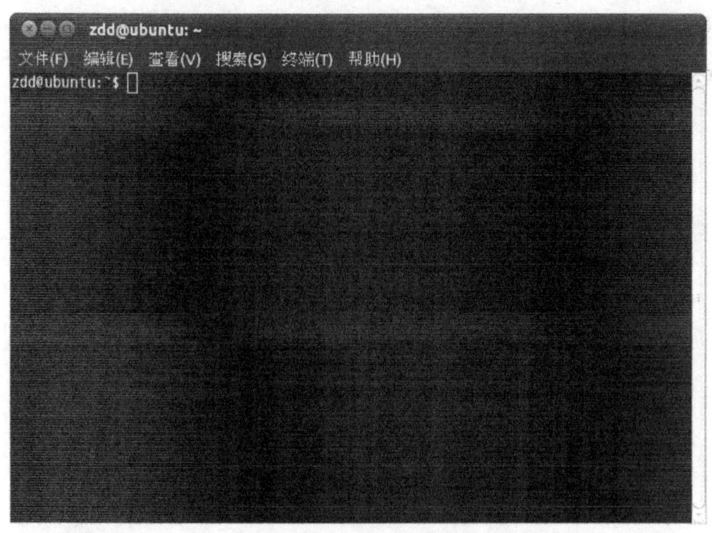

图3-67 Linux终端

3. 文件与目录的操作

用户的数据和程序大多以文件的形式保存在磁盘上。在用户使用Linux操作系统的过程中，经常需要对文件和目录进行各种操作。文件是用来存储信息的基本结构，是存储在某种介质上的一组信息的集合。文件名是文件的标识，它由字母、数字、下画线和句点组成的字符串构成，长度不能超过255个字符，一般要求用户使用有意义的文件名命名。文件名的另一部分是在句点之后的拓展名，用来标记文件类型，如在Qt中头文件的扩展名为“h.”，源文件为“cpp.”，界面文件为“ui.”。

Linux系统用目录的方式来组织和管理系统中的所有文件，通过目录将系统中的所有文件分级、分层组织在一起，形成了Linux文件系统的树形层次结构。以根目录“/”为起点，所有其他的目录都由根目录派生而来，其结构如图3-68所示。

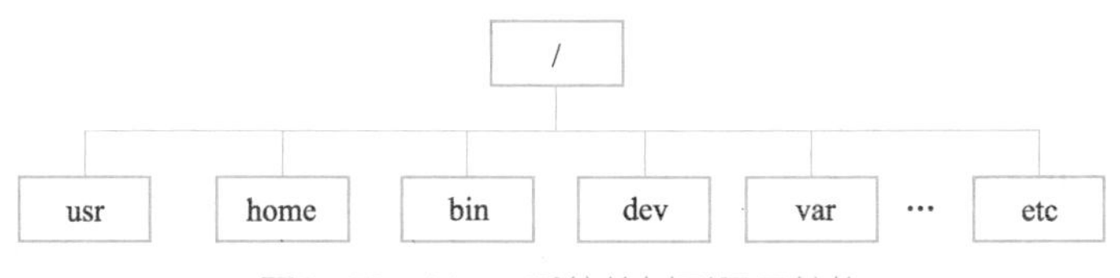

图3-68 Linux系统的树形目录结构

其中，/usr目录一般用于存放用户安装的软件；/home目录存放用户自身的数据；/bin目录存放shell（命令解释器，可以用来启动、挂起、停止程序）命令等可执行文件；/dev目录存放系统设备的信息；/var目录主要存放系统可变信息的内容，如日志、邮件等；/etc目录存放系统配置信息。各个目录结点之下都会有一些文件和子目录。系统在建立每一个目录时，都会自动为它设定两个目录文件，一个是“.”代表该目录自己，另一个是“..”代表该目录的父目录，对于根目录，“.”和“..”都代表自己。

下面介绍常用的文件和目录操作命令，在这些命令中，文件可以用绝对路径表示，也可以用相对路径表示。

（1）查看目录命令ls

格式：ls ［选项］ [<name>…]。

该命令用于列出文件或目录的信息。<name>是文件或目录名，默认情况下列出当前工作目录的信息。如果给定文件或目录名，则列出指定文件或目录的情况，主要选项含义如下。

-a：显示所有文件及目录，ls在默认情况下将名称以“.”开头的文件或目录视为隐藏目录，不会列出。

-d：如果name参数是一个目录，那么默认情况下ls命令仅列出目录的名字，而不列出目录下的文件。-d选项与-l选项一起使用，可列出目录的属性信息。

-l：使用长格式，除文件名外，还显示文件的类型（d：目录，c：字符型设备，b：块设备，p：命名管道，f：一般文件，l：符号链接，s：套接字）、权限、硬链接的个数、所有者名、群组名、文件大小（单位为字节）、修改时间等详细信息。如果列表是一个目录，则在最前面给出“总用量…”表示该目录占用的总块数（1块=1024B）。

-t：将文件按修改时间的降序排序。

-A：同-a，但不列出“.”及“..”文件。

-F：在列出的文件名后以符号表示文件类型，一般文件之后不加符号，可执行文件加“*”，目录加“/”，符号链接加“@”，管道加“|”，套接字加“=”。

-R：若目录下有文件，则递归地列出目录下的文件。

例如，列出当前目录下的所有的文件及目录，以符号表示文件类型，命令如下：

```
ls    AF
```

要将/bin目录下所有目录及文件的详细信息列出，命令如下：

```
ls    lR  /bin
```

（2）切换工作目录命令cd

格式：cd <dlrName>。

该命令的作用是将工作目录切换至dirName。其中，dirName可以用绝对路径表示，也可以用相对路径表示。若省略目录名，则变换至当前用户的主目录。

例如，要切换到/usr/bin/，命令如下：

```
cd  /usr/bin
```

要切换到当前目录的上层目录，命令如下：

```
cd  ..
```

（3） 显示当前路径命令pwd

（4）文件复制命令cp

格式：cp [选项] <source> <dest>或者cp [选项] <source>... <directory>。

该命令用于将一个文件复制至另一文件或目录中，主要选项含义如下。

-r：若source中含有目录，则递归地将目录下的文件依序复制至目的地。

-f：若目的地已经有同名文件存在，则在复制前先删除原有文件再进行复制。

-a：尽可能将文件模式、所有者、时间标签、链接等信息照原状复制，并且递归地复制子目录中的文件。

例如，将文件aaa复制为文件bbb可使用如下命令：

```
cp  aaa  bbb
```

（5）文件（目录）删除命令rm

格式：rm [选项] <name>…。

该命令用于逐个删除制订的文件或目录。默认情况下，<name>为文件名，rm命令不删除目录，只有指定-d选项时才表示删除指定的目录，主要选项含义如下。

-i：删除前，逐一询问确认。

-f：强制删除，即使原文件属性为只读，也直接删除而无须逐一确认。

-r：递归地删除目录下的内容。

例如，将myfiles子目录及子目录中所有文件强制删除可使用如下命令：

```
rm  -rf  myfiles
```

(6) 创建目录命令mkdir

格式：mkdir [-p] <dirName>。

该命令的作用是，如果指定目录不存在，则建立该目录。选项-p表示，若要建立的目录的上层目录尚未建立，则一并建立上层目录。

例如，在当前工作目录下的BBB子目录中，建立一个名为CCC的子目录。若BBB目录原本不存在，则同时建立该目录，可用如下命令：

```
mkdir  -p  BBB/CCC
```

(7) 删除空目录命令rmdir

格式：rmdir [-p] <dirName>。

该命令用于删除空目录dirName。如果目录dirName非空，则出现错误信息。选项-p表示当删除指定目录后，如果该目录的父目录也变成了空目录，则将其一并删除。

例如，在当前工作目录下的BBB目录中，删除名为CCC的子目录，若CCC目录删除后，BBB目录成为空目录，则将BBB目录也同时删除，可使用如下命令：

```
rmdir  -p  BBB/CCC
```

(8) 更改文件访问权限命令chmod

格式：chmod [选项] <mode> <file>。

该命令根据mode给定的模式设置文件file的访问权限。利用chmod命令可以控制文件如何被其他人使用。参数mode为权限设定字符串，该参数的格式为[ugoa] [[+-=] [rwxX]...] [,…]。其中，u表示该文件的拥有者，g表示与该文件的拥有者属于同一个组的用户，o表示其他以外的用户，a表示以上三者，如果这几个符号都不指定，则默认为a。+表示增加指定权限，-表示取消指定权限，=表示设定权限等于指定权限，r表示可读取，w表示可写入，x表示文件可执行或目录可访问，X表示只有当该文件是一个目录或该文件已经对某个用户设定过可执行时才可执行。

例如，将文件file.txt设为所有人皆可读取的命令如下：

```
chmod  ugo+r  file.txt
```

mode也可以用数字来表示权限，此时chmod命令的语法如下：

```
chmod abc file
```

其中，a、b、c各为一个数字，分别表示User、Group及Other的权限。权限是关于可读（r）、可写（w）、可执行（x）3个属性设置值的和，其中r =4、w =2、x=1。若要设置rwx属性，则值为4 +2+l=7，若要设置rw−属性，则值为4 +2=6。

4. 文本编辑器vi的使用

vi是“visual interface”的简称，于1976年由Bill Joy完成编写，并由BSD发布，在大多数UNIX类系统中，默认都提供该工具。vim从vi发展而来，由Bram Moolenaar在1991年发布，在原来vi的基础上增加了很多新的特性和功能，成为Linux环境下最重要的开源编辑器之一。在Linux系统上运行的vi实际上就是vim，vim的基本使用方式和命令与原来的vi一致。

vi可以执行输出、删除、 找、替换、块操作等众多文本操作，但是vi不是一个排版程序，它不像Word或WPS那样可以对字体、格式、段落等其他属性进行编排，它只是一个文本编辑程序。vi没有菜单，只有命令，要使用vi则必须记住这些命令。vi有3种基本工作模式，分别是命令模式（Commmd Mode）、插入模式（Insert Mode）和末行模式（Last Line Mode）。

1）命令模式。在Shell提示符后输入命令vi，进入vi编辑器，并处于vi的命令方式。此时，从键盘上输入的任何字符都被当作编辑命令来解释，例如，a(append) 表示附加命令，i(insert) 表示插入命令，x表示删除字符命令等。如果输入的字符不是vi的合法命令，则机器发出“报警声”，光标不移动。另外，在命令方式下输入的字符（即vi命令）并不在屏幕上显示出来，例如，输入i，屏幕上并无变化，但通过执行i命令，编辑器的工作方式却发生变化：由命令方式变为输入方式。不管用户处于何种模式，只要按<Esc>键即可使vi进入命令模式。

2）插入模式。只有在插入模式下才可以进行文字输入。在命令模式下输入插入命令i、附加命令a、打开命令o、修改命令c、取代命令r或替换命令s都可以进入插入模式。在该模式下，用户输入的任何字符都被vi当作文件内容保存起来，并将其显示在屏幕上。

3）末行模式。在命令模式下，用户按<：>键即可进入末行模式，此时vi会在显示窗口的最后一行显示一个“：”，作为末行模式的提示符，等待用户输入命令。多数文件管理命令都是在此模式下执行的，如保存文件（：w）、退出vi（：q）、列出行号（：set number）等。

任务实施

1. superboot SD卡的制作

1）运行SD−Flasher.exe 烧写软件，如图3−69所示。

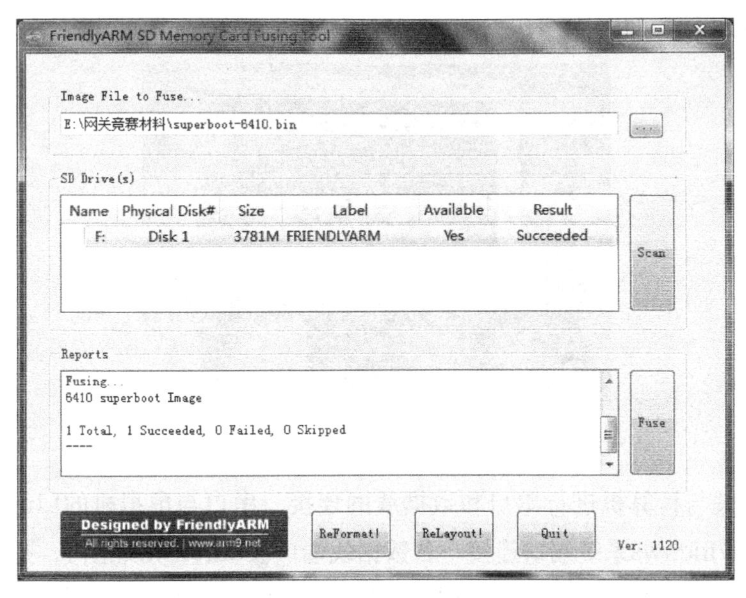

图3-69 SD-Flasher运行界面

2）单击□按钮找到所要烧写的superboot-6410.bin文件（注意不要放在中文目录下）。

3）把SD卡插入计算机，单击“Scan”按钮，SD 卡会在“SD Drive(s)”列表框中列出。若“Available”属性显示为“No”，则需要单击“ReFormat”按钮重新格式化SD卡。

4）单击“Fuse”按钮，superboot 就会被烧写到 SD 卡中了。这时把SD 卡插到网关上，并把网关上的S2 开关设置为SDBOOT模式，开机后就可以看到电路板上的LED1在不停地闪烁，这就说明superboot SD卡已经制作成功了。

2. U-Boot的烧写

1）USB下载驱动程序的安装。U-Boot烧写前需通过USB下载线进行数据传输，因此要先进行USB下载驱动程序的安装，安装过程可以不连接网关。直接运行“FriendlyARM USB Download Driver Setup_20090421.exe”文件，按界面提示进行安装，整个过程是独立完成的。安装时首先会出现如图3-70所示的安装提示界面，这里选择“始终安装此驱动程序软件”。

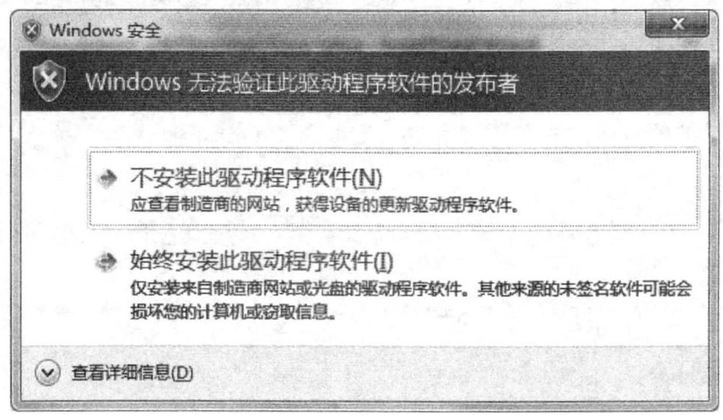

图3-70 USB下载驱动安装

2）设备的连接如图3-71所示。

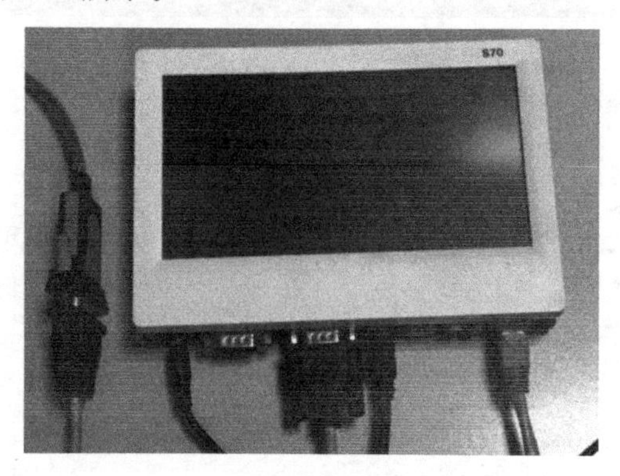

图3-71　6410网关的连接

将6410网关与计算机进行串口和数据线的连接。串口与虚拟机的Linux系统端口连接，数据线与Windows系统端口连接。若数据线端口被Linux系统抢占，则单击虚拟机右下方的连接图标，选择“断开连接（连接主机）”选项，如图3-72所示。

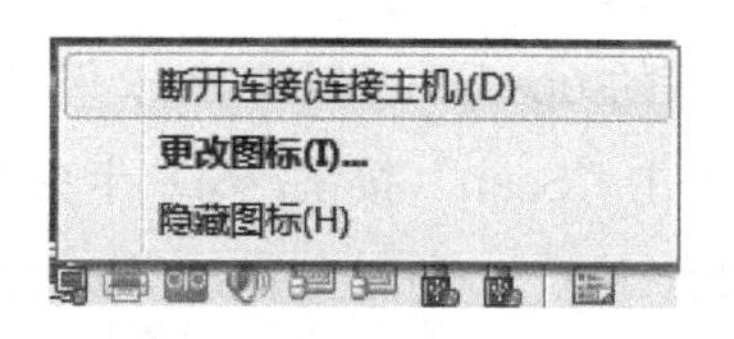

图3-72　断开数据线连接

3）superboot 菜单的设置。superboot提供SD卡安装，可引导系统运行。将6410网关设置为SDBOOT（SD卡启动），上电后在虚拟机中执行“应用程序”→“附件”→“Serial Port terminal”，打开“GtkTerm”窗口，执行“Configuration”→“Port”，在弹出的“Configuration”对话框中设置“Port”属性为“/dev/ ttyUSB..”、“Speed”为115 200，其他保持默认设置即可。重启6410网关后，在“GtkTerm”窗口中显示superboot菜单，如图3-73所示。

```
r = 159
##### FriendlyARM Superboot for 6410 #####
[f] Format the nand flash
[p] Download superboot
[v] Download uboot.bin
[k] Download Linux/Android kernel
[y] Download root yaffs2 image
[u] Download root ubifs image
[a] Download Absolute User Application
[n] Download Nboot.nb0 for WinCE
[l] Download WinCE bootlogo
[w] Download WinCE NK.bin
[b] Boot the system
[s] Set the boot parameter of Linux
[d] Download and Run an Absolute User Application
[i] Version: 120810, RAM 1024 MiB, NAND(SLC) 1GiB
Please enter your Selection:
```

图3-73　superboot菜单

首先输入“f”指令格式化nand存储器；再输入“v”指令进行U-Boot的烧写。

4）使用DNW进行文件传输，软件界面如图3-74所示。DNW是三星公司开发的串口工具，用于实现数据的传输和文件的烧写等功能。在Windows中直接运行“dnw.exe”文件启动DNW。若数据线连接成功，则在标题栏中显示“USB:OK”，否则需要检查数据线的连接情况。

图3-74　DNW 软件界面

执行“USB Port”→“Transmit/Restore”命令，在弹出的“打开”窗口中选择文件“u-boot_nand-ram256.bin”，进行U-Boot烧写。烧写成功，在superboot菜单中会显示“Succeed”。

3．Linux内核的烧写

1）在superboot菜单中选择“k”选项。

2）利用DNW将zImage文件下载至网关中。下载完成后，superboot菜单中会显示“Succeed”。

4．网络文件挂载

1）编译export文件，设置文件路径和权限。使用“vim /etc/exports”打开exports文件，在此文件的末尾添加一行：

```
/6410 *(rw,sync,no_root_squash)
```

其中，/6410就是要做nfs的目录（这里把/6410文件夹作为网关根目录）。终端输入的*表示任何的客户机都可以进行访问。并且设置操作权限为读写访问、所有数据在请求时写入共享和root用户具有根目录的完全管理访问权限。

2）重启nfs服务。

在命令提示符窗口中依次输入如下两条指令：

/etc/init.d/portmap restart

/etc/init.d/nfs-kernel-server restart

若返回信息显示“Starting NFS kernel daemon”，则表示nfs服务已重启成功，如图3-75所示。

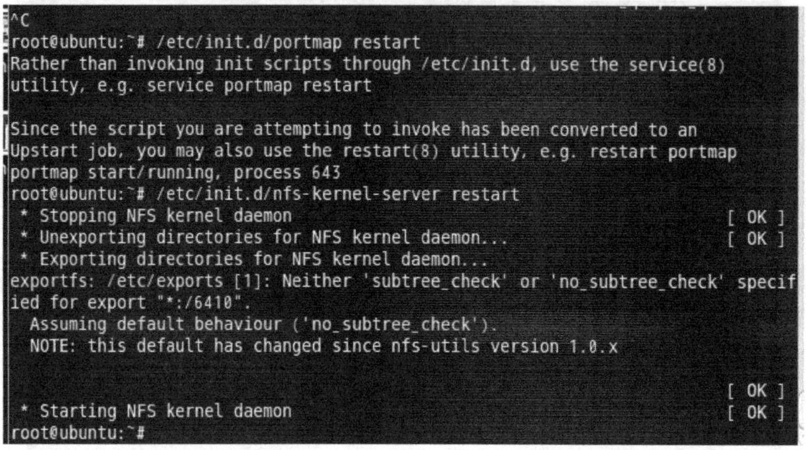

```
^C
root@ubuntu:~# /etc/init.d/portmap restart
Rather than invoking init scripts through /etc/init.d, use the service(8)
utility, e.g. service portmap restart

Since the script you are attempting to invoke has been converted to an
Upstart job, you may also use the restart(8) utility, e.g. restart portmap
portmap start/running, process 643
root@ubuntu:~# /etc/init.d/nfs-kernel-server restart
 * Stopping NFS kernel daemon                                        [ OK ]
 * Unexporting directories for NFS kernel daemon...                  [ OK ]
 * Exporting directories for NFS kernel daemon...
exportfs: /etc/exports [1]: Neither 'subtree_check' or 'no_subtree_check' specif
ied for export "*:/6410".
  Assuming default behaviour ('no_subtree_check').
  NOTE: this default has changed since nfs-utils version 1.0.x

                                                                     [ OK ]
 * Starting NFS kernel daemon                                        [ OK ]
root@ubuntu:~#
```

图3-75 nfs服务器重启提示

3）挂载网络文件。

进入superboot菜单，这里选择“s”选项给网关设置参数，具体命令如下：

console=ttySAC0 root=/dev/nfs nfsroot=192.168.30.1:/6410/root_qtopia_qt4 ip=192.168.30.10:192.168.30.1:192.168.30.1:255.255.255.0: 6410.root_qtopia_qt4.net:eth0:off

其中，各参数的含义如下：

console为使用的串口号为ttySAC0，即第一串口。

nfsroot是对Linux主机IP地址的配置，由于使用的是虚拟机，因此此地址为虚拟机的IP地址，这里设置为192.168.25.1。

“ip=”后面：

第1项（192.168.30.10）是对ARM 6410设备上设置的网络地址，该网络地址可在此局域网的网段中进行任意设置，但要注意区别于同局域网中的其他设备的网络地址。

第2项（192.168.30.1）是本机的网络地址。

第3项（192.168.30.1）是对于ARM 6410设备上的目标网络地址的配置。

第4项（255.255.255.0）是对虚拟机上的掩码进行的配置。

第5项是6410网关定义的名字，可由用户自行设定，这里使用“6410.root_qtopia_qt4.net”进行表示。eth0是Linux中对于网卡名称的定义，一般是不能改动的配置，否则可能导致无法正常地挂载文件。

配置好网络参数后，将网关调整为NAND启动，并将网关利用RJ−45接口进行连接，为了操作简便，现将网关根目录挂载至/mnt目录上，命令如下：

```
mount  -t  nfs  -o  nolock  192.168.30.1:/6410  /mnt
```

其中，IP依然是主机的IP地址，/6410 是要挂载的目录，此目录将来要存放制作好的镜像文件，/mnt 是要挂载的目录。

如果串口终端显示“请按Enter键激活此控制”，则此时利用Linux系统的终端的“ls”命令将 /6410目录和/mnt目录同时打印列表，若显示内容一样且两个文件夹能同步文件操作，则挂载成功。

1. 文件挂载

一个磁盘可分为若干个分区，在分区上面可以创建文件系统，而挂载点则是提供一个访问的入口，将一个分区的文件系统挂载到某个目录中，称这个目录为挂载点，并且可以通过这个挂载点访问该文件系统中的内容。mount 用于挂载一个文件系统，需要root 用户执行。挂载的格式为：mount [−参数] [设备名称] [挂载点]，其中常用的参数如下：

- −t用于指定设备的文件系统类型，常见的有：nfs（网络文件系统）、iso9660 CD−ROM（光盘标准文件系统）、ntfs（Windows NT 2000的文件系统）等。
- −o用于指定挂载文件系统时的选项。常用的有：ro 以只读方式挂载、rw 以读写方式挂载、nolock取消文件锁。

例如，挂载光驱的指令为：mount −t iso9660 /dev/cdrom /mnt/cdrom。

2. nfs服务器

NFS（Network File System，网络文件系统）是1984年由SUN公司推出的一款网络文件共享系统，允许在不同的操作系统之间进行网络数据传输。NFS由服务器和客户机组成。使用方法为先设置好服务器端NFS文件系统的共享目录和访问权限，再利用mount命令把服务器端的文件系统挂载到客户机下进行访问。在嵌入式系统开发中，可以直接从远程的NFS ROOT启动系统。设置NFS服务器的步骤如下：

1）NFS服务器所共享的文件或目录记录在/etc/exports文件中。使用vim将该文件打开（需使用sudo指令获取root权限），指令如下：

```
vim /etc/exports
```

2）在/etc/exports文件中加入NFS共享目录及权限。注意，一个NFS服务器可以共享多个NFS目录，每个目录独立一行，其格式如下：

共享目录路径 客户机名或IP（参数1，参数2，…，参数n）

其中，客户机名或IP是指可以访问该目录的客户机主机名或IP地址。一般使用IP地址进行设置，如192.168.10.*表示在192.168.10网段的客户机都可以进行访问，若设置为*，则表示所有客户机都可以访问。

访问参数可以是一个或多个，其中主要的参数见表3-33。

表3-33 NFS设置的主要参数

参 数	说 明
ro	只读访问
rw	读写访问
sync	所有数据在请求时写入共享
async	nfs在写入数据前可以响应请求
root_squash	root用户的所有请求映射成如anonymous用户一样的权限（默认）
no_root_squash	root用户具有根目录的完全管理访问权限

例如，设置/home/zdd文件夹允许所有客户机访问，可写为：

/home/zdd *(rw， no_root_squash)

3）重新启动NFS服务器，主要包括portmap和nfs-kernel-server服务，指令分别如下：

/etc/init.d/portmap restart

/etc/init.d/nfs-kernel-server restart

4）使用mount命令挂载NFS服务器的NFS目录，例如：

mount -t nfs -o nolock 192.168.1.1:/home/zdd /mnt

5. PC端模拟镜像测试

1）修改项目文件中的库文件，将运行于PC端的“lib-X86.so”文件改为运行于ARM端的“lib-ARM.so”文件，同时将构建目录改为此库文件所在目录。再来修改构建设置，如图3-76所示，将Qt版本改为“Qt 4.7.0”；工具链改为“GCCE”（其编译器路径为“/opt/FriendlyARM/toolschain/4.5.1/bin/arm-linux-g++”）。

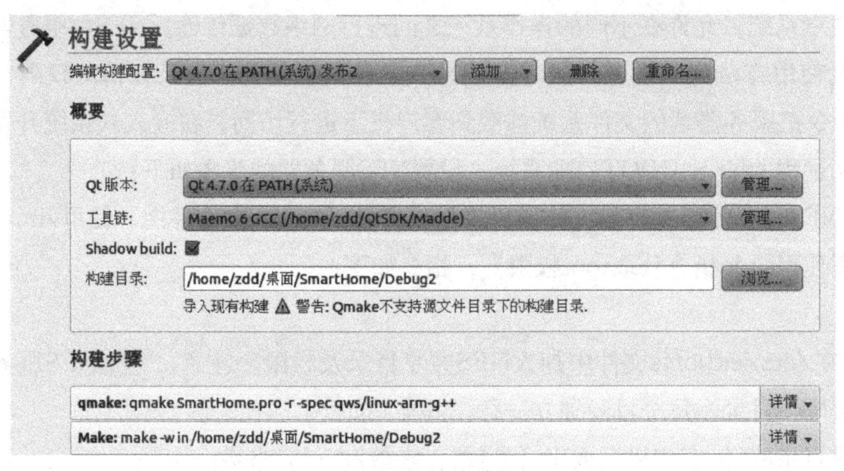

图3-76 项目构建设置

2）运行此项目生成可执行文件，由于nfs服务共享设置的是6410文件夹，因此将生成的可执行文件复制到“/6410/root_qtopia_qt4/mnt/zdd/”中，将库文件复制到“/6410/root_qtopia_qt4/”中，运行效果如图3-77所示。

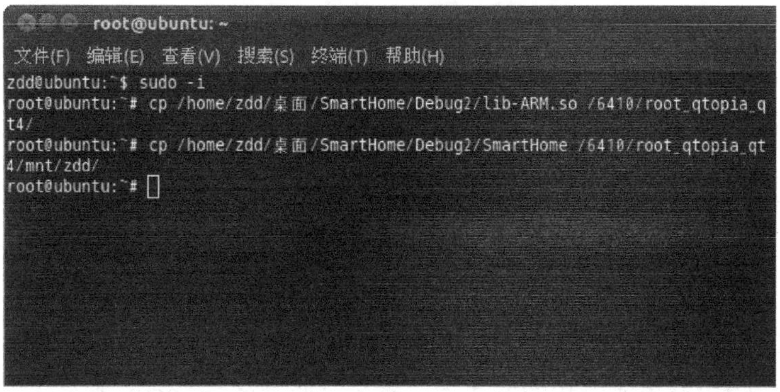

```
root@ubuntu: ~
文件(F) 编辑(E) 查看(V) 搜索(S) 终端(T) 帮助(H)
zdd@ubuntu:~$ sudo -i
root@ubuntu:~# cp /home/zdd/桌面/SmartHome/Debug2/lib-ARM.so /6410/root_qtopia_q
t4/
root@ubuntu:~# cp /home/zdd/桌面/SmartHome/Debug2/SmartHome /6410/root_qtopia_qt
4/mnt/zdd/
root@ubuntu:~# 
```

图3-77　文件的复制效果

3）编辑rcS文件，此文件用于设置系统引导，方法如下：

```
vim  /6410/root_qtopia_qt4/etc/init.d/rcS
```

打开rcS文件后，可以设置网关系统时间并加入系统引导文件，在文件末尾加入如下代码：

```
hwclock  -s //在系统启动时从RTC读出日期时间并设置到系统时间
date  -s "2016-12-12 00:00:00"//设置网关时间为2016年12月12日0时
hwclock  -w//将系统时间写入RTC
hwclock  -r//读出RTC并进行检验
qt4          //设置系统引导文件
```

4）rcS文件设置完成后，对qt4文件进行编辑，方法如下：

```
vim  /6410/root_qtopia_qt4/bin/qt4
```

打开qt4文件后，在文件末尾加入要制作镜像的可执行文件目录，方法如下：

```
SmartHome  -qws
```

5）将6410设置为NAND启动，开启电源进行测试，若出现图3-66所示的界面，则模拟测试成功。

6. 镜像的移植

1）将6410目录制作为img镜像文件，在命令提示符下输入如下代码：

```
cd  /6410 //设置6410目录为根目录
/usr/sbin/mkyaffs2image-128M  root_qtopia_qt4  SmartHome.img//完成镜像制作
chmod  777  SmartHome.img//提高SmartHome.img的操作权限
```

2）将6410网关设置为SDBOOT，上电后进入superboot菜单，选择“y”选项后，退回Windows界面，利用DNW将刚刚制作完成的镜像文件移植到6410网关中。再将网关设置为NAND启动，若能够进入图3-66所示的界面，则说明镜像移植成功。

项目总结

在本项目中学习到了如下内容：

1）类是一个抽象的概念，简单地说，类就是种类、分类的意思。类是由属性和方法组成的。其中，属性也称为成员变量，用于描述在这个类中可以使用值进行量化的特征，是名词。方法用于描述类的行为或动作，是动词。

2）对象即归属于某个类别的个体，是指具体的某个事物或东西。类必须实例化成对象后才可使用，Qt中对象实例化的方法为“类名 *变量名 = new 类名()”。

3）Qt中多分支结构的语法为“switch…case”，但这种语句只适用于“等于”的情况，而且这里的变量数据类型必须为int型，若出现大于、小于的判断或非int型的变量的判断，则必须使用多条“if”语句进行解决。

4）3种循环结构语句为“for”“while”和“do…while”。其中，for语句用来执行有明确循环次数的循环，while语句可以执行包括for语句在内的大多数循环，do…while语句用来完成先执行后判断的特殊循环。

5）数据库（Database）是按照数据结构来组织、存储和管理数据的建立在计算机存储设备上的仓库。本项目通过完成用户管理功能，介绍了对数据库中表的创建和数据表的增（insert into）、删（delete）、查（select）、改（update）操作。

6）数组（Array）是一组具有相同名称的变量的集合，它的每个元素具有相同的数据类型。在Qt中数组声明的语法格式为“数据类型 数组名[数组长度]”。对于数组元素的访问可以通过“数组名[下标]”的方式进行，注意，数组的下标是从0开始计数的。

7）计时器的作用是每隔固定的时间自动触发一次超时事件，工作于独立的线程，不会影响程序中的其他操作。在Qt中使用QTimer类进行计时器的操作，并使用“timeout()”信号方法进行触发。“start()”方法开启计时器，“stop”方法停止计时器。

8）Qt中使用“QDateTime”类进行时间日期的控制。它包含一个日历日期和一个时钟时间，是QDate和QTime两个类的组合。使用静态方法“currentDateTime()”获取当前时间日期，使用“setDate()”和“setTime”方法进行日期和时间的设置，使用“toString()”方法进行时间日期类型与字符串类型的转换。

9）Linux系统用目录的方式来组织和管理系统中的所有文件，通过目录将系统中的所有文件分级、分层组织在一起，形成了Linux文件系统的树形层次结构。/usr目录一般用于存放用户安装的软件；/home目录存放用户自身的数据；/bin目录存放shell命令等可执行文件；/dev目录存放系统设备的信息；/var目录主要存放系统可变信息的内容；/etc目录存放系统配置信息。常用的文件和目录操作命令有ls、cd、pwd、cp、rm等。